办公室里的猫王

颠覆职场教条的闪耀法则

克里斯·巴瑞兹布朗◎著　李贵莲◎译

ZHEJIANG UNIVERSITY PRESS
浙江大学出版社

SHINE
HOW TO SURVIVE
AND THRIVE
闪闪的目录 AT WORK

致我的妻子安娜：

　　在我的生命中，从未有人如你一样，给我启发，赐我灵感，激我向前。你是一个能永远带给人们新意的人，因为在追求卓越的旅程中，你从不会退而求其次。遇见你已是我终身的福祉，与你成为夫妻共度人生更是上天对我莫大的眷顾。你是无敌之巾帼。请好好继续你充满勇敢作为的浪漫人生！

SHINE

HOW TO SURVIVE AND THRIVE AT WORK

热身

准备好闪耀了吗？

很大程度上，工作成就了我们。

它关乎的不仅仅是我们用来维持生活的金钱，更会对我们人生中的重大决策产生影响。这些决策包括：去哪里生活？选择什么样的朋友？花多少时间和家人在一起？

工作会耗费我们大量的时间和心力，因此决定着我们看待自己的方式，然而这种方式却也常常有失偏颇。

被职场人士用得最多的一条座右铭就是："我为了生活而工作，而不是为了工作而生活。"

其实，这句话并无多少道理。

就拿全职来说，每周你至少要花费 45 小时在工作上，且有 10 多个小时被搭进为工作所做的准备以及车马劳顿中。不仅如此，从工作的紧张与疲惫中一点一点恢复也会耗掉你无数的时间。甚至，短短的周末也得被你用来思考工作上的事。

由此可见，若要充分地享受生活，你当然也必须热爱你的工作。因此你不得不在工作中创造一些影响力，做真正的自己，尽最大可能绽放出你的光彩。做不到这样，就是对生命莫大的浪费，你就会沦为行尸走肉。

工作注定会像陷阱一样，将我们困得死死的。它是一个即复杂又隐蔽的陷阱，以至我们常常注意不到它的存在。因此也就难怪会有如此多的人掉入它的魔爪中。

你总能在工作中找到下一个奋斗目标。也正因如此，大部分人都只将目光滞留在下周要做的事情上，无法看到更远的景象。年轻时，我们为购房进行抵押贷款，而后 25 年就兢兢业业、心无旁骛地工作，一心只想着偿还银行贷款。在这样的状态中，我们很难冲破条条框框，冒着风险去创造新的天地。

有了这样一项重大的计划，我们只能整天忙忙碌碌，埋头苦干，来不及瞥一眼在此之外的人生百态，来不及思考本可以发生什么，我们本可以成为什么样的人。用不了多久，我们就被周遭的事物，而非潜在的发展前途定型了。我们的内心充斥着恐惧，因此每走一步都小心翼翼，唯恐招来风险。有多少人在生命临近结束时也未能实现他们曾经的梦想，又有多少人因为贪恋安稳与舒适而最终放弃了自己的梦想！

但这真的就是万不得已的吗？就生活的方方面面而言，唯有工作最能带来回报。工作能赋予我们成长的机会，滋养我们的人生，且为我们带来快乐。它让梦想中的世界变得真实可达，并馈赠给我们令人羡慕的生活方式。工作可以让我们充满激情，乐在其中。

在城市里，职场中的竞技就是一场最精彩的比赛。你要问自己的问题是："我如何才能在这场比赛中有更出色的表现？"

谁是这儿的猫王？

爱尔兰乐队 U2[1] 的主唱兼旋律吉他手博诺是一位闻名世界的人权倡导者。他以努力根除第三世界国家的债务为光荣使命，并为此走访了很多企业和组织。每到一处，他首先要问的就是："谁是这儿的猫王？"

这个问题饱含寓意。

博诺所要寻找的"猫王"其实是一个敢于打破陈规、与众不

> ① U2 是一支成立于 1976 年的爱尔兰摇滚乐队，走红于 20 世纪 80 年代，至今仍然活跃于全球流行乐坛。U2 在歌曲主题上涉猎广泛，尤其是对政治性的话题毫不避讳，例如对社会公平公正的追求以及对人权问题的探讨。——编者注

同、敢作敢为的人，这个人在打破常规的过程中无时无刻不在绽放自身的光彩，并且很有可能享受着过程中的每一分钟。

我相信，每个人都可以与众不同，都具备成为猫王的潜能。

试想一下这样的画面：每天早晨，你一骨碌从被窝里爬起来，有喜欢的工作在那里等着你，让你满怀激情，并且让你确信自己只会赢不会输。这是何等的力量，它让你在每一分钟都感受到比别人更多的欢乐。

职场中你处处有机会绽放光彩。它可以是你安排会务的方式，也可以是你面试应聘者时作出的努力（你努力确保应聘者在面试中有所学习和提升，而非只是被动地回答问题），它还可以是你路过前台时不忘撒播的些许快乐与幽默。

究竟采取什么方式让自己绽放光彩取决于你个人。唯一重要的是，这个闪光的过程应该充满乐趣，富有人性与魅力，并能沾上几分你的个人魔力。

此书正是为那些期望在职场中凸显自己智慧与才干的人们量身定制的。它犹如一座闹钟，在不停地向沉睡者发出叫喊："起床啦！起床啦！"

你可以为了生活而工作，但那样你注定只能平平庸庸；你也可以在工作中体验生活，同时施展你的抱

办公室里的猫王

负，活出你的精彩。制约你的无非就是你自己：你的能量、你的信仰、你的视角。

趣读《办公室里的猫王》，你定能从中学会如何让自己和猫王多几分相像，如何在纷杂繁忙的工作中开心一笑。

那么，现在就开始吧！

其实你很了不起。

你能以比任何一台电脑都要快的速度来处理信息。

你能复制细胞，自己治愈伤口。

你能敏感于周围世界里的各种信息，空气中的分子、光和影的微妙变化都逃不出你的感知。

你掌握了语言这一强大的武器，因此能与他人畅通无阻地交流对话。

你拥有独立思考、自由表达的能力。

你可以不受任何限制，除非你定要为自己强加上一些。

你已应有尽有！绽放出你的光彩来！

SHINE

HOW TO SURVIVE AND THRIVE AT WORK

闪耀

做出色的另类

不会有人要求你非绽放光彩不可，相反，你的光
芒可能会让某些人觉得刺眼。

这个社会当然不会鼓励你锋芒毕露，它只希望你
能低调地融入其中。企业只需其员工像辛勤的蚂蚁一
样，井然有序地一点一点埋头苦干，任劳任怨，从不
去质疑自己的地位。大多数管理者都不得不承认猫王
一族是最难驾驭的。富有才干的员工总会为平庸的管
理者所难容忍，因为他们不断地提高标准。

所以说，在这个世界上，你大可以默默无闻地存
在，不激起一丝涟漪。只要你高兴如此，没人会有
意见。

但你还是有另外一种选择，那就是彻彻底底地做

你自己。你始终知道，有那么一个了不起的人物潜藏在你的身体内已经很长时间了，并且呼之欲出，那么，你还在等什么呢？

从此下定决心吧，从禁锢你自我认知的重重枷锁中挣脱出来，在日复一日的工作中绽放出你亮丽的光彩。

你不妨站得高高的，把生活当做烧饼咬下一大口，然后慢慢品尝其中的滋味。

选择权完全在你手里，为何不好好利用呢？

若说是因为恐惧，那你在惧怕什么？又有什么错误是不可弥补的？

若说是因为懒惰，那你不妨观察一下身边的懒惰者都是什么结果，并以此为戒。

要粉丝，不要思维定势

我们人类的大脑就像一台训练有素的高效能除杀机器。它很早就学会了将任何与社会制度及生存模式格格不入的事物消灭殆尽。

最近有研究显示，世界上的突破性创意潜能至今只被开发出了 28%（如老年痴呆症的治疗、轮椅的发明、麦当劳的超值套餐等）。若真如此，那必定是我们分析性思维习惯和还原主义思维方式的结果。

请对此进行片刻的思考。

你想到了什么？你是不是想知道人们若能最大限度寻找到那些了不起的创意，我们今天的世界将会变得多么不一样？你又是否在自问能为此做点什么？

或者你在疑惑开展这项研究的是些什么人，研究建立在什么样的基础上，突破性创意又该如何定义。

如果你处在前一个阵营中，我相信你大有希望在这个世界上，尤其是在职场中做出一番成就。然而，我们太多人都处在第二个阵营里，因为长期以来我们一直训练自己以这样的方式进行思考。

也就是说分析型逻辑思维主导了我们的职场生活。如果身边有同事提出某种新的视角、见解或思路，还没等我们对其产生真正的意识，我们的头脑中就会不由自主地发起一场"思维战斗"。如果这一新的视角、见解或思路不够强势，我们的大脑便会立马破门而入，将其置于死地。

就拿我多年的同事乔来说吧，她是一个富有才干、勇于创新的人，曾在萨奇广告公司[1]澳洲分部担任媒介主管。有一次，她和董事会的其他成员一起去参加一个谈判培训课程。该课程是由两位英国前军官共同开设的，而且这两位官员都在解救人质方面接受过关于谈判技巧的训练。所以我们都相信这会是有趣的一天。

[1] 萨奇广告公司是全球第四大广告传播集团阳狮集团的子公司。——编者注

在其中的一个练习环节中，乔被安排与财务主管迈克结对（以获得最大的戏剧效果）。他们被叫到培训室的前面，其他人作为观众在下面观看。两人面前摆了一只橘子，培训官发给他们一人一张纸，上面写有给他们的指令，培训官让二人读完指令后为争取这只橘子的所有权进行谈判。

当然，为了让对方作出让步，他们使尽浑身解数，运用了一切大部分人会运用的技巧——哄诱、使计、贿赂、温和地威胁、假装无所谓、以幽默取胜等。然后，和通常一样，当所有这些招数都不起作用时，他们停下来重新阅读了一遍指令。乔的纸片上写着她要用这只橘子来制备橘子汁，而迈克的上面写的是他要用来调制橘子酱。顿时二人灵光乍现：其实他们完全可以从同一只橘子上得到各自想要的东西。若非一开始就想当然地认为实现目标的唯一途径就是击败对手，他们或许能早些认识到这一点。

正是因为这种逻辑分析型的思维模式，我们常会自然而然地认为曾经发生过的事情将来还会再次发生，以至我们像一台自动驾驶仪一样演绎着我们的生活。

充分思考能帮我们挣脱定式思维，认识到未来并非建立于历史经验之上。

战斗性思维会导致敌对行为，敌对行为不仅常常将我们的精力耗费殆尽，还让我们错失很多潜在的合作关系。在乔和迈克的谈判作业中，两人若能冲破惯性，进行充分的思考，问题便会瞬间迎刃而解。

新视角只会促进我们向前，我们大可不必对其产生畏惧心理。

它不会给我们带来危害。相反，决定权掌握在我们自己的手中。因此，面对新视角、新思路时，我们用不着摆出一副"不是你死就是我活"的态度来。

下次想起兰博（电影《第一滴血》的男主角）时，你不妨这样：首先退后一步，想一想是什么引起了影片中的暴力对抗，一场杀戮为何能如此快速地引发另一场杀戮。然后抛开这些疑问，轻轻地坐下来，伸直腰身，深呼吸，微笑，不知不觉中你会感觉到这个杀手变成了一只调皮的小狗，在你身边蹭来蹭去，好像对一切都饶有兴趣。

接受了充分思考的思维方式，用不了多久，你就会发现人们都乐于向你靠近。

哪里可能产出惊喜，你就能在哪里绽放光彩、播撒希望。

这种思维的转变能将个体或团队间的交流互动化作一股永不枯竭、长存于世的力量。

心情过滤器

人生在世，每个人都有得意之日，也有失意之时。如果我们能够自主选择快乐或是忧虑，而不用借众神之手来操控生活，那岂不是一件很美好的事吗？

有时候，你感到你可以克服工作中的一切困难，工作中任何事情都阻挡不了你享受自己的时光。任凭外面风吹雨打、电闪雷鸣，你的内心依然可如三月春光一般灿烂明媚。面对情绪低落的上司，你感到很有趣；若有财务人员满腹狐疑地将发票还给你，不给报销，你会想"好家伙！有你这样勤恳的员工在，证明我没来错地方"；当你的电脑发生第15次死机时，你会想，"搞技术的那群家伙一定是尽了最大的努力了，至于我们现在还不能用苹果电脑一定是另有原因的"。

但有时候，我们却不能拥有如此积极的心境。打印机的墨盒又挂了，你想辞职不干了。（"这个地方简直把我们榨干了，它让所有人都沦为失败者，继续待下去，我只会一点一点地腐烂。还是走吧！"）

在两种不同的情景中，你还是相同的那个你，拥有相同的技能和才干，却体验着两种截然不同的情绪，面对两种迥异的现实。这是因为，你的大脑在为你创造这两种状态。

我在这里所说的状态指的是任何时候你在任何方面的一种自我感觉。它表征着你在工作上的表现和从工作中获得的乐趣。随着外部刺激因素和内部信息加工的变动，一个人的状态总是在不断地发生着各种微妙的变化。大多数时候，我们都意识不到状态带给我们的影响；但时不时的，我们又无法不对自己的状态加以留意。

举个例子，这一年你在工作中表现得很好，老板愿意给你最高额度的奖金。这种情形下，你的大脑会说："太好了，有人重视我，有人认可我，我所有的努力都是值得的，我属于这个地方！"在这样的状态下，你这一天十之八九会过得很愉快，因为你在情感上获得了高度的共鸣。

但如果老板换一种方式来评价你的工作，说你表现很糟糕，不解雇你已经是给你最好的奖励了。这时，你的大脑可能会说："我恨死你了，我恨这里的每一个人，你们一定都认为我是垃圾，整整一年里你们明显都在嘲笑我。"

状态产生的过程：
触发——老板对你的业绩进行评价
过滤——你对此评价的理解
状态——你最后的自我感觉

那么这个过程重要于何处呢？

首先，我们无法控制触发器，也不应该有这样的妄想，因为生活是动态变化的，是充满意外的。如果我们像霍华德·休斯[①]那样选择与世隔绝，我们就错失了生活的要领。所以生活中必定存在给我们的状态造成正面或负面影响的各种触发器，让我们或高兴或悲伤，或积极乐观或抑郁消沉。这些丰富的情感交织在一起，就构成了所谓的"生活"。

然而，问题在于有时我们会深深地陷入某种状态中无法自拔，以至于喝两盏清茶，向死党倾吐一番，或是出门闲荡一圈都无济于事，你仍无法快乐起来。此时，改变状态的关键在于懂得使用我们的过滤器。

过滤器是指我们理解外部事物的各种方式。

它们发挥作用的速度总是如此之快，以至我们大部分时候都意识不到它们的存在。然而，它们却驱动着我们的行为，决定着我们在职场生活中的快乐指数。过滤器决定了我们的工作效率之高低，以及光彩绽放之多少。上文中，我们举了两个例子（老板对员工业绩的年度总评），以说明触发器带给我们的影响。同样是这两个例子，你也可以注意到我们的过滤器是如何

办公室里的猫王

SHINE
HOW TO SURVIVE AT WORK

①　霍华德·休斯（1905—1976）是美国著名的亿万富翁，他一生拥有多种角色，如美国航空工程师、企业家、电影导演、花花公子。他是个将神话与怪异集结一身的天才人物，晚年患有强迫性精神症。2004年，著名演员莱昂纳多·迪卡普里奥主演了根据霍华德的生平改编的传记片《飞行者》，该片于当年获得了奥斯卡最佳导演奖提名。——译注

起作用的。这一年里发生过的一切事情都已成既定的事实，你丝毫不能改变，但是对于老板所说的话，你可以有两种截然不同的领悟，因而会产生截然不同的行动。

它们之所以如此不同，又能引起广泛的共鸣，是因为我们头脑中的过滤器和现实状况之间没有任何关联。我们之所以会产生负面的行动往往是因为我们为发生的事情强加上了自己最虚幻或是最可笑的理解。有可能我们大脑里装的不过是些垃圾，然而它们却被我们视为绝对真理。

猫王的"心晴"秘方：停止条件反射

我本人就有过条件反射性地思考问题的经历。我前一家公司里有位领导曾跟我说创新是廉价的。

当时我脑子里立马想到的是："我认为创新很重要，他却说创新是廉价的，这么说我也是廉价的，那我的工作也不会得到他的赏识。因此我这不是在浪费时间吗？所以我应该放弃这份工作，找点其他的事情干。"

我知道这听起来有点可笑，但是每当我回想那一刻并自问为什么当时感觉那么糟糕时，我在自己脑中听到的正是这样的声音。

当然，这种想法毫无意义。在内心深处，我知道创新是有重大价值的，如果我们所有人都能富有创造性，世界将会真正变得美好。但彼时彼刻，我却不能站在这个角度上看待此问题，而只能持有消极的、失控的、走下坡路的想法。我当时的反应之所以会如此强烈，是因为这场评论关乎我这个人以及我所代表的价值，而且它是来自于深受我尊敬同时也被我视为好朋友的老板。

他并非有意让我不快，恰好相反的是他之所以与我分享这一见解是因为他觉得该见解可能有益于我的工作。而我呢，却用它来自寻烦恼，弄得自己一天都闷闷不乐。其实这都是我自己不对！

请你也来想想自己是否会经常遇到这样的事。你有多少次因误会同事的行为或评论，而做出不该做的事？这是一种人际条件反射，它的发生可以保护我们免受风险。在过去的社会中，它有着重要作用。不幸的是，在今天这个商业世界里，这种条件反射性的思维方式只会使我们的人生失去光彩，让我们对本应积极有利的境况产生消极抵触的条件反射。

无论何时，当意识到自己陷入消极的反应中时，你要及时刹车。为此，你可以坐直或站直，一边深呼吸，一边审视让你情绪波动的原因。

你的情绪的确容易因外在因素而改变，但问题是：你的大脑在想什么？你需要慢下来抓住思维的尾巴，如此才能看见藏在你脑中的那头猛兽的全部面目，以及对它放行的种种信号灯。只有当你停止负面的想法、关注正在进行的呼吸、意识到你眼前发生的一切时，你才可以使自己慢下来。

你对这些信号灯的意识越充分，你就有越多的机会去选择自己的心境。有了更多的选择，你就能自我感觉更加良好，就能绽放出更多的光彩。

慢——下来

公司在快节奏地奔跑，因为它总要追求更多。我们也在快节奏地奔跑，因为我们也总在追求更多。世界运转如此之快，以至你还能保持双脚着地就已是件了不起的事了。

然而，跑得快、要得多并非就很好。我们喜欢这样，是因为快节奏让生活充满刺激。忙忙碌碌中我们似乎很有成就感，似乎觉得自己很重要。然而事实却并非如此，相反你会在手忙脚乱中失去影响力，变得黯淡无光。

想要真正活出精彩，你就要协调自己，与内心的自己、与周围的人、与你的工作环境保持步调一致。要做到这一点，你首先需要慢下来，做个深呼吸。这样说毫不夸张。通过深呼吸，你的大脑能获得更多的氧气，从而能更加良好地运转。在这样的条件下，它才能放松，才能与你的潜意识建立连接。

有了这样的状态，你就能收获更良好的人际关系，就能更灵活地从多个视角看问题，你的思想也能更加开放地接纳多种可能性。在你节奏过快、工作过于紧张时，你唯恐注意力被分散，因此即使有新的机会出现，你也只能置之不理。然而，慢下来，你便能在机会降临时好好抓住它们，甚至会主动去探索它们。

不要受制于刺激因素。不要同时肩负多个任务。不要在想说"不"的时候说"好"。

争分夺秒时你要对自己残忍一点，但使用时间时则需要对自己慷慨一些，每分每秒的使用都需要你一心一意、心无旁骛。

坐直身子、呼吸、微笑，观察你如何同自己、同周围的人、同工作环境建立联系。

我曾在高胜啤酒公司负责营销工作。当时我们要策划很多品牌宣传活动，包括电视宣传、海报宣传、杂志广告、店内促销、包装促销，我们要推出各种升级换代的新产品，此外还有产品推广、公关、赞助、包装研发、样品制备、贸易刺激、酒吧T恤的设计等事宜，可以说压力非常大。

这听起来似乎很了不得，要忙的话一年到头都有得忙。唉，人们总是那么喜欢繁忙的生活。

不过，我们真实的情况却非如此。为得到良好的发展，我们一年里要做的所有事情归纳起来，无非就是厘清产品的定价，选择正确的包装策略，发一些海报或登一些广告以引起公众的注意。其实这些工作在第一个季度内就全部完成了，并为我们留下足够的时间为未来出谋划策，提出一些有价值的想法。

小心不要使自己过度繁忙，这样你的效能会被降低。

繁忙或许能让你自我感觉良好，但非成才之道。

凡是天才都需要充足的时间和空间进行反思，都需受到各种不同的鞭策，也都需与有趣的人们进行畅快的交流。简而言之，每天都焕发出你的光彩吧！

视角大于现实

严格来说，世界上不存在什么真理或现实，有的只是我们的感知。

以上这条见解是一个很大的概念，但随着工作经验的逐渐累积，我越来越能证明这一观点的正确性。

我们所创立的对一切事物的衡量标准，即使再严格，也根本不是绝对的。和任何一位富有创造力的财务主管交谈一番，你即可知道我这句话的意思。比方说，一家公司的价值可能相当于他人愿意收购它的价格，但这只是其在该收购者眼中的价值。

如果说视角是最为重要的，在感知的过程中你就必须做到灵活变通、意识清醒，分清开明地与僵固地看待问题有什么区别。

明智的做法是，从多个视角出发，形成在特定情况下与你的境遇最为相符的观点。这需要你对每一个视角都足够敏感，因为只有这样你才能在既定的环境中选出最好的一个。

一旦选取了一种于你有用的看问题的方式，你就能选择以何种状态存在：是精力充沛，是闷闷不乐，是被动消极，是多愁善感，还是肩负使命撒播快乐？你的视角决定了你的状态，你的状态决定了你所需要的结果。

你不妨试试这样：现在就列出 10 项使你感觉生活美好的原因。任何原因都可以，只要它们或多或少给了你力量。你要站着列举，并且要大声说出来，而不只是默默地在心里念叨，也不只是草草地写在纸上。现在，你感觉如何？

这样做的结果是，你还是那个你，生活中什么也不曾改变，但是你却能感觉比以前好多了。你的血压降下来了，头脑里浮现着一幅幅轻松的画面。无疑你还在微笑。

身处职场，只有在这样的状态下，你才能饱含能量、积极活跃，才能绽放出你的光彩。所以，你要做的就是改变自己看问题的视角。

每天我们都有选择视角的机会。我们可以选择让我们失去力量、成为受害者、变得渺小的视角；也可以选择让生活充满愉悦和激情，让我们变得重要的视角。

请你选择。

搞砸它！

职业不过是人的一种追求，但常常一上班我们就觉得自己变了个人。我们相信有那么一种特别的人，和真正的我们不一样，他们专属职场。因此我们不得不假装成他们。

这种"精神分裂症"式的思想可能存在于任何一个公司的员工身上，因为不论我们多么富有创造力，或是多么卓越出众，我们每个人都有与他人保持一致的强烈心理驱动，这种行为可以是有意识的也可以是无意识的。之所有存在此种心理驱动，一半是因为人们会在模仿他人中进行学习，另一半是因为我们习惯了混在人群中不露棱角。但殊不知正因如此，我们失去了很多个性。要绽放出光彩，我们不得不先做回原来的自己。

一种简单的方法是展示出更多人性的一面，放手那些被视为职业特性的东西。也就是说，我们不必掩盖挣扎，不要在意搞砸，无需担心犯傻。

我们每个人都有自己的缺陷，所以我们都不必自命为职场上的完美战士。

我并不是说我们应该抱着一种无所谓的态度，草草地对待工作，而是正好相反。越是具备人的本性，我们才越能理解什么是"杰出"。

当我们更多地表现出真正的自我时，我们就能带给他人更强烈的亲切感，与他人建立更紧密的联系，得到他人的帮助，从而绽放出更亮丽的光彩。

在一个团队中，做到这一点尤为重要。

过于圆滑其实难以建立牢固的人际关系。

最有魅力的往往是那些敢于暴露自己的缺点，会犯些错误，但也能面对错误、纠正错误的人。

关于错误中蕴涵的价值，有这么一个经典而传奇的故事：有一个在银行工作的人，他将银行的一大笔资金用在了地产投资上，但结果搞砸了。于是他走到老板面前，意欲辞职。老板却对他说："我不接受你的辞职，因为我刚刚在你身上投了上百万美元，现在我想看到回报！"

能用如此开明的态度将错误视为一场做砸了的实

验是多么难能可贵！若我们也都能做到这样又该会有多好。

我们常常可以化失败为优势。犯错是人之常事，所以不要计较、不要掩饰，努力将过错化为机会。

当美国家乐氏公司① 那位将早餐麦片 CocoPops 的名字变换成 ChocoKrispies 的经理离开后，公司决定把这一令人尴尬的错误纠正过来。他们觉得这是为了方便管理而作出的一项很糟糕的决定，无益于品牌的发展，对客户也没有好处。家乐氏公司希望在名字改回来之后，人们便会不再计较并且忘记曾发生过这回事。

然而，他们并不打算带着抱歉的心情低调地完成更名，而是决定对此进行一番庆祝。他们在电视上开展了一项类似选举的活动，邀请顾客前来就更喜爱哪个名字进行投票。几乎有 100 万的客户通过电话或网络参与了投票。就这样，不仅 CocoPops 又回来了，而且它的销售额还上升了 80%。

直到现在，这场活动还在影响着家乐氏公司的营销策略。这则事例告诉我们，错误可以创造能量，而能量可以为我们创造机会。

何不顺流而下

你的能量是有限的，你所在的公司

① 美国家乐氏公司是全美第二大谷类早餐制造商及销售商，销售产品包括甜饼干、薄脆饼干、烘烤点心、冷冻烘饼、冰淇淋蛋筒等，其产品在全球20多个国家制造，并在 160 多个国家销售。——编者注

可支配的能量也是有限的。你可以用自己的能量储备去对抗公司的能量，试图改变你的公司，你也可以随着公司的潮流乘势而上，为自己创造优势。

我是一个懒得不行的人。能顺流而下时，为何还要逆流而游呢？向下漂流是一件多么愉快的事，我唯一要做的只是在另一处终点发现价值。至少当我到达那里时，我还有足够的能量来充分享受那里的一切。所以，就顺流而下吧。

好好地利用公司的架构、体系和政策方案，这样你的努力才会收获更好的回报。如果你感觉职场生活艰辛如斗争，那么请问一问自己如何才能使其变得轻松一些。

如果你想偷懒，那你得先变得聪明一点。好钢用在刀刃上，将你的能量用在必要之处。不到万不得已时，不要和公司对着干；顺着公司的潮流，你付出的精力将会为你赢回更多的能量。

不断地试图改变一些事情会让你很快就感到精疲力竭，且很少能取得圆满的结果。那么，不妨就随大流吧。

举个例子，如果你在公司里满腔热情地鼓励创新却毫无进展，那你何不停下来环顾四周，看看有什么现成的资源可供使用，看看公司的价值理念是什么，有什么样的战略方案，领导者具备怎样的素质，公司有什么样的目标，你能如何利用你所观察到的一切。

我的一位朋友曾在美丽的巴利阿里群岛度假。度假期间，有一次他心血来潮，要玩冲浪，于是从海岸往海中央游去。海浪猛烈地撞击而来，还没等第二个浪头打来，他就被大海的力量给打败了。后来经他本人描述，当时他感觉自己像是被绞进了一个溢满泡沫的洗衣机。

最后，他不得不自我调整、重树尊严，然后步履蹒跚地摸爬着回到了海滩。到了海滩上，他摸了摸头顶，看那副价值 500 英镑的崭新雷朋牌泳镜还在不在。结果当然是不在了。事实证明这一心血来潮的代价相当昂贵。

他呆呆地坐在沙滩上，凝视着大海。不经意间他发现海水中漂浮着一块看似木头样的东西，而且乘着海浪向岸边靠近。于是，他有了个主意。

他又游回到刚才被海水吞没的地方，漂浮在那里，等着浪潮稍后把他送回海岸。因为他意识到跟着海浪移动是找回那副宝贝眼镜的关键。没过几分钟，他就在身体下方的海床上看到了那副泳镜。

他出自本能地随流而动，因此得以找回丢失之物。要不然他得花上好几天时间来寻找，而且结果很可能只是徒劳。想不到利用海浪的力量，寻找就能变得如此轻松。

你的职场生活中有没有类似的情况呢？你是否有时候也在和潮流对抗？如果你能顺流而下，你也许能获得更加美好的结果，并且感受到更多的愉悦。骑上那股可以助你一臂之力的浪，驾它而去吧！

SHINE
HOW TO SURVIVE
AND THRIVE
AT WORK

办公室里的猫王

032

骑上那股可以助你一臂之力的浪，
驾它而去吧！

你不是你

猫王思维训练一

每一天，你都不再是原来的你。在早晨醒来时，你做的第一件事是回忆自己是谁。

明日在你醒来时，请有意地强化你之于你的一些宝贵之处。然后观察会有什么不同。例如，你可以这样做，在早晨醒来那一刻就想好：今天不管遇到什么人，我都要保持一种充满热情的状态。或者还可以这样想：公司目前的经营方式有点荒唐，尽管如此，我还是能乐在其中。

然后，闭上眼睛，深呼吸，同时在脑海中设想相应的场面。

你也可以再尝试一下其他的做法。

最后，看看哪种心理活动能让你觉得更有力量，哪种会让你感到灰心丧气。

选择那些能为你带来更多动力的视角，并且要一直将它保持下去。也许，日久天长，这种思维方式就会被内化成你品性中的一部分。

有所谓，有侧重

事物之所以被改变，是因为有人在意它们的改变。在对你不重要的事情上大费工夫是毫无意义的。对于这些事情，你又何必费心呢？生活也好，工作也好，我们都需要有所侧重，面面俱到会使我们的能量分散，大脑运转迟缓。因此，我们必须谨慎考虑将时间用在何处最有价值。

若想真正脱颖而出，我们得先找到努力的方向。纵观历史，取得卓越成就的人物数不胜数，这些人之所以如此杰出，是因为他们别无选择。吉尔道夫[①] 和甘地[②] 都是坚信自己必须改变这个世界的人，就因为这样，他们必须给这个世界带来改变。

猫王的重心法则 1：苏丹的大象

2006 年里的一天，伦敦发生了一件不同寻常的事，那场面差不多是我平生所见中最为壮观的场景之一。当时，伦敦市中心实行了交通管制，为的是让一头重 40 吨的大象游走街头。这头巨象名为"苏丹的

[①] 鲍勃·吉尔道夫来自爱尔兰，是原摇滚乐队"布姆鼠镇"的成员之一，在过去的 20 年里，他一直致力于唤醒人们对贫穷非洲的认识和了解，呼吁人们关注和拯救挣扎在死亡边缘的非洲难民。他的诸多善举为他赢得了 1986 年诺贝尔和平奖提名。——编者注

[②] 莫罕达斯·甘地（1869—1948）是印度民族解放运动的领导人和印度国家大会党领袖，同时也是现代印度的国父。其"非暴力"的哲学思想影响了全世界的民族主义者。——编者注

大象"①，它其实是座 12 米高的木偶。其制造者为著名的街头剧团——法国皇家豪华木偶剧团。前来观光者达数百万人，产生的影响几乎让人难以置信：很多人当场被感动得号啕大哭，这座城市顿时失去了它往日的静谧。

自 2005 年恐怖爆炸事件发生以后，伦敦的治安管制就开始变得高度严格。在这种背景下，为了一个艺术品而封锁街道，这想法说出去会让大部分人觉得不可思议，但海伦·马里奇却不这样认为。这场活动正是由她的公司 Artichoke Trust 所策划的，而她正是活动的主要负责人。海伦是一个极有眼光的人，她满腔热情地坚信，向伦敦百姓展现这样一种盛大的场面富有重要意义。然而，在她接受这个项目时，市警察厅、白金汉宫、皇家公园以及伦敦公交公司均不予批准。

尽管如此，她并未放弃。最后，在她的极力游说下，有关当局才作出让步，暂停了伦敦市中心的一切商业活动，为这个仅有 4 名成员的核心团队提供了舞台。这不得不说是项了不起的成就。

平日里，每到周末，牛津街上就会聚集上百万的人们，这时候警察总不得闲，因为总有扰乱秩序或做其他坏事的人需要他们

---

① 2006 年，法国皇家豪华木偶剧团为宣传他们的新剧《苏丹的大象》花费百万英镑制作了这个大象模型。该剧讲述了一位名叫苏丹的发明家制造了时间旅行机，认识了一名穿越时空而来的女孩。当女孩消失后，苏丹不顾一切地想再次和她见面，于是他骑上大象开始了跨越时空的旅行。——编者注

来逮捕。这一天，前来观看"苏丹的大象"的人们同样也有上百万，伦敦市区却能一切安好。为何？伦敦感动了，时间停止了。这座城市能拥有如此美妙的时刻，全都得益于这个能为信仰挺身而出的女人。因为她，伦敦变得更加光辉灿烂。

尽管参与整场活动策划、主办等环节的还有很多其他富有才干的人员，但 Artichoke Trust 公司的负责人大卫·奥金的话告诉我们海伦为何能在所有人中脱颖而出。他说："海伦是一个很特别的人，不仅因为她总能让人无法拒绝她的请求，还因为她能让你相信万事皆有可能并总能向你证明这一点，这就是她的才华所在。"

猫王的重心法则 2：为所爱的事物好好干一架

在如今这个年代，我们容易对任何事物都形成一种无所谓的态度。

生活安逸了，于是我们大多数人不用太辛苦就能获得成功和发展。在发达国家，极少有人还会挨饿受冻、无家可归，除非是他们自己要这样或者因为发生了自然灾害；也极少有人会真正地接触到人性的黑暗面，或坠入绝望的深渊中。大部分人都在安逸的状态中过着几近自动化的生活。

新闻报道中的一幕幕悲惨场面，在我们看来似乎与好莱坞影片中的画面一样遥远而不真实。我们脑中用来进行自我反省的空间变得极为有限了，因为每一刻我们都满脑子想着向前，以至很少聆听到内心的声音。从一项嗜好转向另一项嗜好，从一份工作跳到另一份工作，我们的大脑就在这些持续的变化中被塞得满满的。

难怪如今反抗者越来越少了。还有什么可反抗的呢？

其实，有很多。我相信，这个世界上仍然存在很多事物，需要我们去强烈地感知，需要得到我们的拥护，并且相信它们能使这个世界变得更加美好。我所指的并非是消灭战争、消除饥荒之类的崇高事业，而是这些伟大举动背后的准则，如正义、人性。这些美好的品性是我们与生俱来的，然而我们却常常被这个像仓鼠跑轮（小白鼠笼子里的跑轮）一样的社会给麻醉了。

对你而言什么是重要的？有什么重要到你愿意为之一战，愿意为之挺身而出？

又有什么能在你阅读它的过程中在你心里激起强烈的共鸣？

还记得去年一年中最让你开心或失落的时刻吗？你为什么开心，又为什么失落？

你是否对学习和成长持有满腔热情，不断地尝试新鲜事物？你是否享受刺激、冒险或合作带给你的挑战？你是否感兴趣于职场之道，并乐意帮助他人发现自己的才华？

任何带给你力量的东西都能鞭策你前进，都能帮助你以与众不同的方式在这个世界留下印记。

你需要思考的是如何才能让这些为你带去力量的东西与你的工作挂钩。

因为一旦挂钩，你就能拥有巨象一般的力量，并拥有改变世界的信念。

让这种联系发生吧！

掀翻你的办公桌

办公桌是你进行工作的有用场所。它的设计目的是提高人的工作效率。它所提供的物理支持能让你富于逻辑思维的大脑如激光般快速而专注地运转。不错，为了能够高效工作，你需要一张办公桌。

但人们却几乎从来无法坐在办公桌前想出绝妙的主意。我曾经就灵感产生于何时这一问题采访过一些人，得到的时间和地点五花八门，有的说遛狗时，有的说开车时，有的说淋浴时，有的说睡觉时，有的说跑步时，有的说在酒吧里，有的说在高尔夫球场上，还有的说在火车上……但就是没有人说坐在办公桌前。

走出办公室会让你进入另一种状态，你的心能更充分地与你的大脑进行交流，这就意味着大脑能接受更多的外界刺激，能更有效地对信息进行加工处理，因此便能形成更有价值的想法。

在日常工作中寻求一些变动尤为重要。我曾经在一家办公场地有限的公司工作过，那时我们经常不得不把工作搬到咖啡厅或茶吧之类的场所进行。也就是在这段时间，我空前地感觉到了自己的创新能力，究其原因，就是因为我一直处在新鲜的工作环境中（不用挤在狭窄的办公桌前端杯咖啡放在腿上）。

换一处风景。做点能帮你放松心情、开阔视野的事。

记得不要坐在办公桌前吃午餐，即便在工作时间里也要时不时地去别处转转。我发现在一个地方持续待上 45 分钟就已是相当长的时间，因此，我习惯于每隔 45 分钟换个地方。任何一种变动都是有用的，你大可不必为寻找灵感爬上马丘比丘的气象观测塔。[1]

所以，下次你要寻找突破性的想法时，就不要在办公桌前干坐着冥思苦想了。这样只会使你帽贝[2]一样的大脑变得更加迟钝，更加失去灵性，因为抱着办公桌

① 位于秘鲁的马丘比丘是 15 世纪古印加文化中令人叹为观止的一座城堡，后被西班牙人所攻克。马丘比丘的气象观测塔是一处石质建筑，至今仍矗立在马丘比丘的遗址之上。每年夏至时，阳光会射入石头窗口，将这个带有雕刻暗槽的石头建筑照亮。——编者注

② 帽贝是一种海产贝类，身体扁平，多附着在海边岩石上。——编者注

不放无异于给你的大脑系上了还原主义①的磐石。

换个地方，做点别的事，舒缓一下身心。打开你的视野，你将看到这个世界充斥着无数种可能，等着你去探索发现。

办公桌永远不能成为诞生伟大设想的摇篮。
换个地方，做点别的事，舒缓身心，打开视野。

甜言蜜语吧

我曾听一位著名企业家说过这样的话："我的父亲白天在一家大型公司为老板打工，晚上回来经营自己的杂货店，在这两种状态中他似乎是截然不同的两个人。白日里，他总是一副战战兢兢、萎靡不振的样子，好像承受着很大的压力；一到晚上，他就活跃起来了，他热爱小生意里的所有细节，享受着当老板的每分每秒，困难在他看来不过是特殊时刻，他总能积极乐观地去解决。"

---

① 还原主义（reductionism）指将高层次还原为低层次、将整体还原为部分加以研究的理念。——编者注

我个人也有过类似的经历。在公司上班时，我有时候表现出色，有时候表现平平，但不管表现好还是不好，都没有人会留意到，唯一的反馈只有在年度评审时才能得到，评审不达标就等于我白白浪费了 12 个月时间。同样，即使是表现出色也不会有什么大不了的影响。

独自创业之后，一切就不一样了。这时候，我得自己为自己的行为负责，不然，我的生意就很可能会失败。

有这样经历的人并不只我一个，很多与我交谈过的人都表示对此感同身受。我从根本上认为被雇用不是一件好事。不错，我知道雇佣关系在一定程度上意味着被雇佣者获得了保障，得以预见未来，并可以对生活作出妥善的安排。我也知道，雇佣关系还意味着企业领导能高效地配置人力资源。

然而，当得知兢兢业业一周与敷衍了事一周所获得的回报相差无几时，很多人都会丧失斗志。

人们潜意识中会这样认为：既然额外的努力回报甚微，投机取巧一下又何妨。难怪现在有那么多人一上班就开始数时间，一直数到终于可以下班回家了才停止。在家里，他们可以做很多自己喜欢做的事，可以对很多事情进行掌控，可以在很多方面获得认可。

猫王的赞美法则：无价的是充满人性的赏识

你若真心渴望成就一番辉煌的事业，请务必留心表现出色的员工，并学会对他们加以赏识。

理想情况下，他们的工作表现，或出类拔萃或差强人意，都应该被反映在薪资的波动起伏上。但在大多数企业中，这样一种体系的建立几乎都是不可能的。你能做的就是每周都确保员工们感觉到自己的付出是值得的。

金钱并不是传达这种感受的唯一方式，重要的是一定要让他们感知到不管他们表现得好还是不好，你其实都心中有数。在他们为工作而努力或承担风险时，在他们从新的尝试中学到宝贵经验时，在他们施展出自己的过人才华时，你都要大方地给予赞赏。据我所知，最强大的回报恰恰是那些最为个人化的感觉，而这种感觉的赋予又是最无需代价的。

一封亲笔信常常会被人们珍藏多年。在一家公司里，有一个名叫伯纳德的动物填充玩具，公司里不管是谁，只要做了点儿了不起的事被人知道了，伯纳德就会出现在他的办公桌上。任何人都可以因为同事的出色表现为他提名。所谓的出色表现可以是签了一笔大订单，也可以是带糕点给大家吃，这就是自我管理的思想。伯纳德可能在你的桌上待上两秒钟不到就被拿去别处了。尽管这样的做法听上去似乎有点离谱，不过，在那里我也确实听见了董事会的几位成员在一起嘟囔伯纳德怎么没来自己这里坐坐，并意识到他们自己得开始认真工作了。

你的员工到底表现如何？若连这一点你也无法了解的话，他们便很容易就会沦为行尸走肉。

就个人而言，我也希望那些具有魔力的神奇人物能为我所用。所以，别错过他们的优秀表现，并让他们知道你已将此铭记在心。

伯纳德被人们传递着，
出现在每一位"做了点儿了不起的事"的员工桌上。

商务舱内有天堂

出差是商务中必不可少的一部分。今天，高科技的迅猛发展让身处异地的我们无需聚到一起就能相互交流沟通，这意味着我们可以不用经常出差了。但是，话说回来，谈及人与人之间关系的建立，面对面的交流仍然是最好的方式。因此，不论环境保护意识有多强，我们都应该时不时高碳一下飞起来。

当然，乘飞机旅行会为你造成某些负面影响，比如让你经受倒时差之苦，让你吃不到可口的饭菜，让你不得不和心爱的人分开一段时间。然而，它能带给你更多的积极影响。

身处海拔 3.6 万英尺的高空，你感觉自己就像一只被安全地包裹在蚕茧中的蚕一样，清闲自在，无人打扰，因为手机不会响起，电子邮件也可以不用理会。我有很多极棒的想法正是诞生于这种时候，而且我知道许多其他人也有类似的体验。不仅如此，处在这样的情境中，我们似乎能对外部信号变得更加敏感。

记得在一个星期五的晚上，我从莫斯科飞回来。在这条航线上，你总会坐到前所未见的老式飞机。鉴于乘坐商务舱的经常都是一些红鼻子的老男人，这一点似乎也在情理之中。在这里，人们对娱乐没有多少选择。不过，满满一周的辛苦工作之后，大多数人仅观看《儿女一箩筐 2》似乎就能乐呵起来。

我走到机舱的前端，去上了个厕所，同时伸展了一下肢体。走回位子的途中，我看见在座的乘客中有一半都泪流满面。尽管史蒂夫·马丁是一位著名的喜剧天才，但此时他们的眼泪不是因为笑得收不住，而是因为内心的激动。

这也决非如同看了一部悲伤的电影。在 3.6 万英尺的高空，我们的情绪更激动了，并且我们会产生比平日里更强的感知能力。在这里没有事物会冒出来分散我们的注意力，因此不管是对于娱乐节目还是对于自己的内心思想，我们此时都能产生激烈的反应，这些反应甚至让我们自己都感到意外。

这样的旅行其实是一种很好的资源。我知道有这样一些人，他们会纯粹因为想要寻找新的思路而进行一场旅行，他们或为手头的项目，或为重新发现生活的重要之处。

对于长途旅行，我有一个小小的原则，即吃过饭后不再工作，并早早地到达候机室。把一切都抛在脑后，这样我才能放松心情，享受安宁的时光，让我的思想自由漫步。这是何等的幸福。

不得不出差时，就充分利用旅行的价值吧，这样做会使得你身体内的猫王健健康康、精神饱满。

找到你的北极星

在面试中我经常被问到的一个最让人气馁的问题就是："你觉得自己10年后会是什么样子？"生活多变，世事无常，这个答案谁知道呢？我们能预见下个星期将要做什么就已经不错了。

话虽这样说，但你确实需要一颗北极星日复一日地为你的行为指明方向。这颗北极星可以随着你自身的变化和你所处环境的变化而发生改变。但重要的是，你要知道自己正在朝哪里前进：即你想要什么样的生活和你想成为什么样的人。梦想的品质比其准确度更加重要。

有些人会希望在蒙大拿拥有一座农场、一位似《花花公子》封面女郎般俏丽的妻子和一只金贵的爱犬，其实这样的梦想是不太可能会实现的。但是，如果改一下，变成想要生活在乡下，拥有一位有趣的伙伴，能花些时间和动物在一起，那么成功的几率就会提高很多。

从根本上说，梦想只是我们理想生活的指向标，找到北极星的窍门就在于理解这些指向标的表征意义。

每天，我们都要做出成百上千的决定。我们需要类似指南针一样的东西来帮助判定这些决定正确与否。事实上这个世界根本不存在所谓的对与错，有的只是不恰当与更恰当之分。一旦找到了你的北极星，它就会在你作决策的时候为你提供向导，帮助你成为你想要成为的人，在寻找幸福的旅程中赋予你更多的愉悦，让你懂得不必过于关注最终的目的地。

以前我不喜欢有目标和梦想，因为对我而言，目标和梦想意味着我只能持有单一的选择。而如今，我发现事实在于你的目标可以单纯地为今天、为这一刻而制订。明天醒来时，你就已不再是今天的你了，你可以开足马力继续前进，可以改变速度或方向，可以清零重新开始，这全都取决于你在那一刻想成为什么样的人。

生活不断向前，请你实现你每天大大小小的目标。不要像我曾经那样认为它们会造成限制，而要把它们视为新鲜的、能够给予你无限动力的激励。如果你坐在那里兢兢业业，却不知道自己前进的方向，那结果可能只是你坐热了板凳。一天下来，我们所有人都有必要清楚自己这一天过得好还是不好。如果这一点都不知道，我们又如何能发挥出自己的潜能，有所成就呢？

我有一位好友，他能用一种很好的办法来将自己的思路向前推进。他将一些给自己留下深刻印象的文章、话语、故事和图片收集在一个剪贴簿中，每隔几个星期就拿出来读一读。他会在一种完全放松的状态中，一边阅读，一边遐想联翩。最后他总会得到灵感，找到新的想法与思路，又进一步靠近了自己真正想要做的事情。他努力确保让自己的头脑专注于自己想要的东西，杜绝外界指示带来的干扰。这就是引领他向前的北极星——一种你我他都能学会使用的方法。

仔细思考你的方向，思考什么样的成就对你而言比较重要，你所确立的那些目标有什么特别之处，实现了它们意味着什么。

阿斯顿·马丁（英国豪华轿车品牌）无法让你感到幸福。拥有了它，你可能会高兴一段时间，但真正的幸福来自一个人的内心。

那么什么样的旅途能让你收获最多呢？

天使在身边

请相信每个人都有天使的一面。相信同事不管对你说什么或做什么都是出自善意。大多数情况下，事实会向你证明这样的信念是正确的。如果你能积极地看待生活，生活就充满亮丽的色彩；如果你总是吹毛求疵不能满意，你就会满眼是不如意的事情。

我们都需要时时有人提醒：其实你很棒。当有人自然而然地认为你闪亮出彩、很了不起时，你真的可以回归到那种状态。

　　我们总是易于被此情此景所束缚，但我们人类真正的本质在于寻找快乐，每个人都是如此。纵观你的每一次经历，你会发现快乐都会在场。快乐成就了真实的你。

　　从每一次与他人的互动中，你都有机会欣赏到他人所绽放出的光彩，看到他们身体内的猫王。用心了解他人的一举一动能够让你的生活丰富多彩，明白了这一点，一切本会让你积怨愤怒的事也许都能成为你学习的素材。

　　观察身边是否有人被困住了，为他们送去爱心。当人们向你致以不善，你也要高高兴兴的。当你无法理解我这条建议的意义何在时，那就笑吧。

　　持有一颗乐观的心灵，你便可以开始获得真正的自由。

　　总会有人在职业方面向我们请求帮忙。对方也许会约你见面，直截了当地对你说："帮我找份工作吧。"也可能一开始只是委婉地表达一下请求的心情，在和你进一步接触后才自然而然地表达请求。

　　我的兄弟马克是英国营销机构 Weapon7[①] 的合伙创始人，

① Weapon 7 的核心营销理念是神经营销学，该学说产生于 1939 年的"百事挑战"活动，它的核心观点是消费者选择何种产品或品牌几乎完全是潜意识的行为。Weapon 7 就如何在广告中添加可视图像的问题为客户提供咨询，这些图像可以促使大脑下意识地储存信息，这样，广告信息就可以在"快进"的过程中存入客户的大脑。——编者注

SHINE
HOW TO SURVIVE
AND THRIVE
AT WORK

办公室里的猫王

052

Weapon7 是总部设在伦敦的一家综合性营销服务的机构。常常会有人走近他表示想和他"拉一拉家常"。一般情况下他都尽量答应，即使只是端着一杯咖啡聊上长长一个小时。人们对他说听这些人讲话只是浪费时间，劝他不要当回事。但是马克认为不论履历和经历如何，每个人都有其可取之处。即使他们不能立马融入公司，他们将来也可能会为公司作出贡献。总而言之，爱人者人恒爱之，敬人者人恒敬之。

其中有一个叫汤姆的家伙，给马克留下了深刻的印象，马克向他允诺一旦公司有职位空缺就立马聘用他。就在第二天，马克带领的小组中有个人辞职了，于是汤姆当即取代了他的位置，并在短短 5 个星期内就融入了团队工作中。

如果马克没有将人人都视为天使，他就永远也发现不了汤姆这样一位有才干的员工。

休息，休息一会儿

想要在职场里绽放光彩，我们需要充足的能量。为了储备充足的能量，我们需要坚持锻炼身体，注意饮食，像婴儿一样酣睡。不过，确保将能量维持在高水平的关键还在于：休息。

在快节奏的现代商业社会中，我们常常低估了休息的意义，以至这个词儿听起来已经没有什么力度。耐克公司曾一度面临挑战，为此公司在员工办公室内临时安放了一些简易床铺，并发出一个鼓舞士气的口号："尚存一口气，绝不倒下睡！"这种心态至今仍能煽起竞争的烈火，并在使用得当时发挥作用。但是当这种心态成为企业文化的一部分之后，问题就开始出现了。

对大部分人而言，坐在办公桌前读小说这样一件事听起来是比较遥远的。但是，有时候我们就是需要这样做。

在我认识的企业领导中，有很多人都会在白天抽点时间来打个盹或闭目养神一会儿。因为身处高层，他们这样做没有什么顾忌，更重要的是他们能认识到补充能量的价值所在。大多数员工担心如果他们这样做的话会被人误以为对公司不够忠诚，或被人说成懒惰。大多数人都会在工作后进行减压，然后入睡。减压是一个繁忙的过程，它可以包括做家务、饮酒，或者看电视、会朋友、继续做其他工作等进一步填充大脑的事。但这些事无一能让你获得真正的休息。

休息就是指什么都不干。它可以是悠闲地散一散步、放松地弹一弹吉他、漫不经心地看一本书，或泡一场长长的热水浴。真正的休息能帮助我们获得新生，这种新生不仅体现在身体上，也体现在思维、精神和情感上。好的休息不需要日程表。

回顾过去的一周，看看自己获得过多少真正的休息。若不是每日都有休息，那从现在开始你就要坚持为之记日记了（当然你的日记风格应该是超级随意的）。

让每场会议都变得高效

在这个世界上，有些会议颇富成效，能帮助人们办成一些事情。然而，也有各种形形色色的会议完全起不到任何作用，它们浪费了大把的宝贵时间。这类会议就如一个黑洞，把人们的希望、能量和才华统统吸走了，只留给人们一片黑暗。

造成这些会议形同虚设的原因有很多，为简洁起见，这里我主要谈一下两个能让每场会议变得高效的重要措施。首先，要重点关注会务安排和主持；其次，务必要找对参加会议的人。

对于任何一场会议而言，会务主持都是绝对关键的一环。即便是高层经理，安排会务对他们来说也不会省劲，但合理有效地办好这件事其实在很大程度上只是一个关乎常识的问题。在此，我罗列出一些重点，你可以此为参照，以确保自己的会务安排正确而有效。

首先，确保每个人都在会议开始之前对此场会议的目的以及成功达成此目的的可能性有一个具体的了解。在某些情况下，大家聚在一起开会其实没有什么特定的目的，纯粹只是为了共同进行探索，这也没有关系，只要大家事先知道即可。不过，在很多情况下，唯有当场作出决策，并准备在下一刻立即实施这一决策，这场会议才能算得上成功。所以不同的会议需要不同的结构安排，需要创造性的思维转变。如果你弄明白了会议的目的，打理与其有关的一些事项就会容易得多。

其次，确保举办会议的环境与会议的主题相符。如果只是就预算或具体的数据进行表决，大家就可以仅仅是围坐在一张桌子边，观看幻灯片放映的图表。但若涉及探索、创新和真正的互动，任何一场会议都需要足够的空间、恰当的光线、新鲜的空气以及其他能让我们的脑子活跃起来的要素。

在安排会议时，我常常会把会议室里的桌子移走。室内只有椅子时会给人一种无处藏身的感觉，因而能使人更加清醒。甚至有些会议最适合站着开，这样即简明扼要又高效有力。简言之，你要确保你所处的环境能为你正在进行的工作提供有利条件。比如说，当你需要一场一对一的头脑风暴式的自由讨论时，公园就是一个绝妙的好地方。

如果是开例会，那也务必不要总选择同一地点，否则踏入会议室后不久，与会者很快又会像上次一样陷入一种昏昏欲睡的状态。

一定要把会议日程设计得有魅力一些。为了在会议中获得更好的平衡，你需要捕获参与者的情感与理智。此项企业战略的核心在于输出，但进行均衡的输出是一码事，让他们感兴趣、愿意为你和你所安排的日程贡献他们的时间却是另一码事。如果你能变换一下做法，掺入一些有趣的元素，让整个过程变得更有意思，这场会议就会变得生动活跃起来，参与者就能更好地参与其中，发挥自己的用处。在着手为某家银行进行顾客体验改善项目时，我决定实验一下两种不同的方法。第一种是先进行讨论，然后按传统的方式对这一话题以及我们所能做的事情进行逻辑性的辩论，结果这个过程非常痛苦且一无所获，留下的只是满腹的失望。第二种方法就不一样了。一开始我们并未进行讨论，而是画图。图片本身就可以帮助我们用另外一种眼光来看待问题。然后，我们彼此分享自己在生活中受到他人周到关怀的经历。接下来，我们就走出大楼去走访了一些银行、酒店、餐馆，甚至棋牌

办公室里的猫王

室，看看在这些地方是如何关怀顾客的。就这样，到下一步我们开始思考具体的改善措施时，很多想法就泉涌而来。

显然，第二种方法要成功得多，因为这种方法让每一个成员都更用心地参与进来，而每个人又都有其独特的想法。

猫王的会议法则：安排一场"天生丽质"的会议

开始一场会议时，你要再次提醒大家此次会议的目的，并且要个性化地向大家呈现会议成功的远景，以使他们能真正感受到本次会议是一件值得去做的事。

首先要进行人物介绍。简短的介绍即可，因为我们不需要弄清每个人的生活历程，但有必要了解此刻到场的是哪些人，以及为什么是他们。需要注意的是：级别越高的人，往往说话越加润饰，所以会显得烦冗，这个时候要由你来掌控他们的介绍时间。

列出日程安排和时间表。安排要越简明越好，因为简明的安排能让你更好地利用大家的能量和注意力。我本人喜欢把时间切割成 45 分钟的小块，间隙时做点别的事情，比如换一个场地、谈论点别的话题或使用一下别样的设施。

对于全天会议，你要尤其当心！我们很少能安排恰好需要花整整一天时间来进行的议程，对它们的安排总是要么太松要么太紧。对此，你需要仔细思考重中之重是什么，然后把注意力集中于重点之上。你还要谨防议程表上出现"……为好"这样的措辞。我们并不是在进行多项任务。如果会议是要对某些事情进行决策，那焦点就应该在决策上；如果只是为了让大家多聚一聚，那就选用聚会的风格。

我们不可能一天到晚都聚精会神，所以在安排上，要让"逻辑环节"挨着"反思环节"，"反思环节"挨着"创新环节"，而且要环环推动。

设定对参与者的行为期望，当他们作出这样的行为时，你要表现出对此的赞许。努力让会议变得更加富有趣味，更加人性化，这样你就能收获更多的反馈。

毫无疑问，你就是要掌控局面的那个人，对此你应该深信不疑。每个点上都只能存在一位领导。你或许可以指派他人负责会议中的某些环节，但你才是整艘船的船长。

会议要准时开始。如果你没有做到这一点，会议从一开始就会变得松散拖拉，之后整个过程也仍会如此。没有什么能比不善于管理时间更让我抓狂了。如果你连自己的时间这点简单而有限的资源都支配不好，那将如何能担当管理财务或人事等更为复杂的责任呢？

会议结束时，你要让大家知道本次会议带来了什么改变。什么改变也没有就等于只是浪费了时间。

提前一点结束话题，留出时间进行总结陈词。总结时，不必过于强调会议产出了哪些决议，而应着重于会议的进行过程，以及下一次能在哪些方面进行改进。

有些情况下，就因为邀请到的人不对，整场会议就只能沦为对才华和感情的浪费。你应该只允许那些将会为决策或其他会议内容作出实质性贡献的人参与到会议中。假如说，有 10 位人员参加会议，那么其中每位的说话时间平均只能占到 10%，这意味着到最后他们就渐渐开起小差，变得一言不发了。越小的东西往往越美，会议也是如此，在小型会议中，每个人都无法逃避，必须参与讲来。

如果有人带着随行人员一起来到你的会议，请他和他的随行人员一起离开。一个人如果自己不能为会议增添价值，他就不应该接受邀请来参加。

如果开会的目的只是为了登记人数或增进交流，那你得问一问除了开会还有没有其他的办法。如果在开会中，你要先花费一些时间来进行决策或寻找思路，然后还要再花上一些时间来确保每个人都参与到这些行动中来，我不得不说你的计划已经是一团乱了。你需要一次只做一件事情，并把这件事情做好。

我知道有那么一些人，他们职场生活的大部分时间都用在了蹲会议上。还有人会这样说："开会是件很惬意的事，会上我可以偷个懒、放松一下，像听故事一样听听别人讲他们手头正在忙什么，我只要时不时插几句好听的话就好了，还不断有咖啡和面包圈供应，何乐不为？"

很多专业人士都花了太多的时间在会议上，以至没有多少时间可以用来执行会上的决议，更没有时间来做自己真正的工作。

请只参加那些议程明了、让你有用武之地，且不失乐趣的会议。除非你只想裹着羽绒服，吃着热巧克力，做一天和尚撞一天钟地等着退休那一天的到来。

做真实的自己

你是生活的小白鼠，生活像鼠笼一样为你设下"跑轮"。时光荏苒，人生在世不过数十载，为了精彩地度过此生、不枉为人，我们着实应该认真投入到需要做的事情中去。为了做到这一点，我们不仅要投身于那些人类为之奋斗的目标中，还要能享受这些奋斗历程。正因有了这样的普世观点，我们的概念里除了活生生的现实以外，其他什么也没有。我们只关注眼前的一切，只体味工作的压力、上下班的舟车劳顿、养家糊口的艰辛；只盘划周末要做点什么，或怎样挣钱才能够用；只注意到啤酒肚一天一天长出来，而头发却一天一天越变越少；只一心想着退休、付房贷、升职之类的问题；只担心经济形势将会不妙、绩效考核时间日渐趋近，诸如此类。但是，说到底，所有这些事情中无一是真正重要的。当我们逝去，所有的一切都变得无关紧要。我们明知人生就是一场游戏，最终一切都是过眼烟云，却依然希望拥有充实而丰富的人生，于是总摆脱不了压力和焦虑，这就是所谓的人生窘途。

我们的存在就像一幅谱线图，图的一端是我们充满琐事的日常生活，另一端是类似卡

做真实的自己

猫王思维训练二

尔·荣格所谓的"集体意识"①。在"集体意识"下，我们失去了个人身份，能接触可供人类使用的一切资源。

若想真正充分地把握生活，我们得学会巧妙而自主地在这幅谱线图中变换位置。我们得脚踏实地，做个有用的人，同时坚守自我。

当下一次你因为一些鸡毛蒜皮的小事而产生落单、被困、无力、受挫的情绪时，一定要马上制止自己。

这些情绪其实都是无谓的，只是你的思路出了问题。还是老办法：坐下，挺直身体，深呼吸，微笑。你会发觉身外之物在一点一点退去，最后剩下真正的你。

你也许需要一些练习才能达到这样效果，但不要忘了真正的你是很有力量的。日常生活中，我们都会时不时认知到真正的自己：有的人通过冥想、运动、睡眠或和亲人团聚等方式来寻找自我，也有的人在被夕阳打动或拾回昔日友情的一刹那，猛然间看到了自己

① 卡尔·荣格（1875—1961）是瑞士心理学家和精神分析师，分析心理学的创立者。他所提出的"集体意识"指的是成员对集体的认同态度。——编者注

做真实的自己

真实的一面。虽然我们经常会碰到这样的时候，但你若能每天主动面对自己，就更能从自我认知中受益匪浅。这样你就能培养出坚定的立场，不被任何判断错误的举动或职场中的艰难险阻所困扰。只要你愿意，你完全可以不被种种小事所困扰。

总之，你要做的就是挺直身体，坐下，深呼吸，微笑。经常这样做，你一定能收获不一般的感受，你会发觉力量在你的身体内四下里游走。注意力不用太过集中，你只需微笑着放手让那些不再重要的琐事离你而去。

经常按这样的方式调整自己，用不了多久你就能学会如何在谱线图中获得平衡，并从此不再陷入困境。

生活中很多时候，我们总会忧心忡忡、思虑过多——顾虑未来，遗憾过去，似乎游想已经成了一种摆脱不掉的诱惑。

我们的大脑充满理性地运转着，当遇到新鲜事物时，它所发出的信号多是阻碍性的，而非支持性的。说它具有破坏的魔力一点也不为过。哪怕从外界接收的仅有那么一丁点儿信息，它也能从中为你描绘出一幅悲惨的景象。

停下大脑里这些无谓的想象，走到现实中来，身体力行地去做些实事吧。

这一改变常常给你意想不到的效果。在真正进行这样尝试之后，大多数人都会发现，原来现实和他们的想象相差如此悬殊，它原来可以是一股沁人心脾的清泉，一道令人心旷神怡的风景。所以当你有了计划，却尚在迟疑不决时，无论如何请立即去实践。看看实践了你的计划会怎样。至少这样你能获取更为全面的信息，得到更加真实的反馈。成功也好，失败也好，至少你会知道结果。

有一次，我为我的小组安排急救培训，组员都是一些高层人物，培训他们可以说是件让人提心吊胆的事，因为他们自己培养出的人才就已遍布世界各地。但我们的培训师非常镇定，不仅教会了我们如何逃生，还让我们学会了如何在危急情况中发挥更大的作用。

他看上去已年过半百，身上带着点老学究的气质。一开场，他便在白板上画了一艘船，那艘船正撞上一座冰山。然后他问大家这是什么，有些人回答说是泰坦尼克号，他又接着这个回答说："嗯，但反过来看，坚冰被打碎了，不是吗？"[1]我们都被他这俏皮的自信和恶作剧式的幽默打动了，他当下就赢得了所有组员的心。

培训进行到第二天，在向大家解释完应该如何应对呼吸道阻塞后，他开始现场为我们进行示范，并让一位组员打开手机，随时做好准备给急救中心打电话，以防万一演示过程中出现差错。他把纸巾沾上水，吸到鼻子中去，于是纸巾卡在他的呼吸道中，让他无法呼吸了。

接下来的状况非常吓人，他满脸涨得通红，瞳孔扩张。我震惊得一下没缓过神来。在我意识到发生了什么之后，我火速按他之前所说的方法采取了行动。

我先拍击他的背部，不行；

[1] 原书中 break the ice 的字面意思是"打碎坚冰"，生活中常常用此来比喻在初次聚会时说或做某事以消除或缓解局促或紧张的气氛。在这里，培训师以泰坦尼克号自喻来活跃现场的气氛。——编者注

于是我更用力地拍，还是不行。然后，我想他身形高大，我不妨再使劲拍几下（坦白说，不到万不得已，我不想使用海姆立克急救法[①]）。我的拍打还真是见效，最后那卡在呼吸道里的湿纸巾被弄出来了，他开始大口大口地喘息着。

后来我想，其实整个过程都在他的掌控中，用纸巾使自己窒息也不过是一场演示。然而，我的反应却是真实的——我在紧张时肾上腺素的分泌，以及我拍打力度不够时所收到的反馈都是真实的。通过这样一场演示，我永远记住了从一个身形高大的男人的呼吸道中拍走卡在那里的纸巾需要多大力气。

后来他又在另一位志愿者的帮助下做了另一个示范，其实这个示范也不过是个表演，却完美得和真的一样。他一手拿着一瓶石蜡，一手握着一个打火机，向我们宣布现在该来学习一下如何处理烧伤了……这个经典的老学究真是让人难忘！

[①] 海姆立克救急法由外科医生亨利·海姆立克发明，其原理时通过冲击膈下软组织产生向上的压力，压迫两肺下部，从而驱使两肺中残留的空气形成一股气流，将堵住气管、喉部的异物驱除，使人获救。——编者注

他一手拿着石蜡，一手握着打火机，
打算通过自焚来教我们如何处理烧伤。

猫王的行动法则：去尝试吧，让结果为你做选择

下次在你坐在会议桌前，就各种计划的利弊与人争辩，并试图从中预测未来时，请记得你有两种选择。

你可以继续这场智力较量，直到你们的辩论已经面面俱到，在座的所有人都在未来问题上找到了自己的阵营。不过，你还有另外一种选择，那就是加紧行动，从亲身尝试中获取真实的信息，然后根据你从实践中获知的信息来调整你的计划。

很多公司都尽量避免试验性的尝试，因为他们觉得这样会让自己的品牌面临风险。其实这根本就是由恐惧心理而产生的无稽之谈。归根结底，他们真正担心的是他们可能会把事情弄糟而不知如何收场。

如果你的品牌如此不堪一击，一点创新的尝试就能对其造成很大的伤害，那你最好再多用些时间来发展品牌。如果你是个完美主义者，见不得自己出一点差错，那你该清醒地认识到，你所处的是 21 世纪，是一个节奏如此之快以至你无暇润色思路，无暇完美地去验证每件事，无暇让每个人都对你满意的年代。你需要迅速采取行动，否则只能失去机会。

只要足够聪明，你总能找到某种方法行不通的原因。不过，只有一直在做，你才总能找到改善的方法。

去，弄脏双手！多言无益，行动起来。

少买废物

我们都喜欢收集一些没用的东西。电视、报纸、收音机里的广告铺天盖地，无时无刻不在宣告这是一个物质的时代：你不能还守着那堆旧玩意了，要去买点更好的、更出彩的东西。我们于是去寻找更好更出彩的东西买回家，但满足的却不过是一种原始的冲动，购物之于我们就像杀戮之于猎人。而且同杀戮一样，购物带来的满足只是短暂的，它只能暂时为你填补一处空白，却会趋使你再去购买更多的东西。

很多商务人员从不懂得好好享用已有的财物，因为他们的目光总是会越过这些，停留在其他更大更亮丽但还不属于自己的东西上。于是，他们被工作困得死死的，总也过不上自己想要的那种生活。

当人们为了挣钱而工作时，他们常常会说："我再干上 10 年，存上几百万的积蓄，然后就去做点自己真正喜欢做的事情。"但 30 年后，你却还可以在这座城市中看见他们拼命的身影，尽管此时他们已经储蓄了几千万元。忙碌奔波好比是通往理想生活的自动扶梯，而他们上了这座扶梯就被套牢在那里，不知如何走下来。

不要让同一种厄运两次绊住你的脚步。你要学会对现在已经拥有的美好生活心存感恩，要知道购买再多无用之物也无法使你快乐。就像你要为周复一周的购物或旅行资金费神一样，世界上富有的人们总免不了为打理房屋、游艇等财产而平添不少烦恼。

下次你站在诱惑面前，欲买一些自己并不真正需要的东西时，切记要先理智地思考一番。

思考过后，你如果还是觉得非买不可，那就挑最好的、最与众不同的。这类东西会比较昂贵，但它们既有品质又耐用，能服务你很长时间，让你在未来很多年里都能从中获益。另外，既然最好的已经为你所有，还有什么能诱惑你呢？买下一件贵重的商品后，要郑重地向自己保证至少一个月内不再无谓地消费。

为思想保鲜

我们的大脑总是从历史的经验中汲取灵感或寻找解决问题的办法。这确实不失为一条能够确保你学以致用、高效行事的简便自然之道。然而，尽管历史经验的总结能提高办事效率，却严重地遏制了创造力的发展。高效行事一般是指不经过太多思考而按惯常的方式办好一件事。如此情况下，我们虽然完成了任务，但同时也被束缚了手脚。

要让思想保鲜，你得打破陈规，寻找新的处事方法。这样你的大脑才能保持兴奋的状态，你的思维才能灵活而富有弹性。

我曾经在一次实验中说服了 3 万名参与者连续坚持 5 天以打破已养成习惯。我们从一些很简单的小习惯开始，比如说，晚上睡觉睡到床的另一边，和朋友交换 iPod 等。随着活动的推进，我们不断增加一些其他待改变的习惯。

实验结束后，我收到了大量的正面反馈，人们在给我的来信中谈到了这场实验带给他们的变化，大多数人都觉得自己更加解脱、更富有想法、更有力量了。

我很喜欢卢克·莱恩哈特的小说《骰子人生》（*The Dice Man*），书中主人公经常把自己的命运交给骰子，这样的方式为他的生活强行注入了新鲜的血液。把每个决定留给机缘意味着你永远也不会觉得了无生趣。

苹果公司创始人史蒂夫·乔布斯从大学辍学，为他的生活注入了新鲜的血液。辍学后，他仍旧去听课，但只听自己感兴趣的课程，其中之一是书法课。史蒂夫对书法很感兴趣，尽管当时他并不觉得书法对他有什么具体的帮助。

多年之后，在设计苹果电脑操作系统时，书法课给予了他回馈。这就是为什么苹果电脑操作系统的字体设计和排列能如此优美，该系统能成为全世界电脑标准程序的原因所在。

为思想保鲜是一项战略性的选择，而不是一种能获取直线收益的投资。由它而出的结果往往出其不意，让人耳目一新。它不能保证你一定能找到突破性的思路，但能保证你有更大的可能寻找到突破性思路。更重要的是，它能保证你的人生旅途会因此而变得更加丰富。

打乱既定的秩序，你的头脑中便能充满新鲜的想法，你便能拥有势如泉涌的创造力，你的生活将因此永远亮丽多彩。

猫王的保鲜秘方：适时改变一下工作和生活中的习惯

你的很多习惯都是无意识的。

如果你每次都首选咖啡，那这次换换口味，喝点冰沙什么的吧。

如果你每个月都要开例会，那把日期、地点、持续时间和参与人改一改，不要每次都一样。

如果你要对员工进行考核，也不用每次都一年一次将考核排在年底，可以每半年或每季度进行一次，这样你才有更多机会影响员工的表现。

你可以不用总走同一条路线上班，可以时不时变换一下办公桌的位子，可以培养一点午餐时间的专门爱好，可以和财务部门的家伙一起出去混混，可以来点不一样的穿戴。

你可以想象假如自己现在被解雇了，下一步你会做什么。

你还可以突然回家吃中饭，不管谁在家里，给他一个惊喜。说不定他也会给你一个惊喜！

快醒醒！

当你在职场上工作得十分卖力时，渐渐地你会意识不到自己处在怎样的境况中。

我们都有过这样的体验：即使身体极度需要补充能量，也还是会忘记吃饭。一旦工作节奏快起来，你很容易就会与自己失去联系，不仅与自己的身体失去联系，还与自己的情感以及对周遭世界的感知失去联系。

我们保持快节奏的一种方法就是麻醉自己。效力强大的麻醉手段有酒精、尼古丁、鸦片等。另一些相对温和的手段则包括喝咖啡、看电视、玩 iPod、疯狂地写日记、暴饮暴食、喝高能量提神饮料、逛街购物、上社交网络、打游戏等。所有这些行为都能起到麻醉剂的效果，因为它们要么使我们的感觉变得迟钝，要么为我们遮挡住了来自外界的刺激，其实所有这些方法都潜在地淡化了我们对人性的体验。

要绽放出光彩，你需要与自己的反应以及身体的感觉保持联系，你需要注意周围的世界在发生什么变化（最重要的是，周围世界的人在经历什么）。如果你像涡轮机一样，一刻不停地转动着，视野里只有终点处的目标，你将很难对这些变化作出反应，也很难在机会出现时好好把握住。

在任何一个工作日的早晨，你走在任何一个城市里，都能看到路上的上班族步履匆匆，大部分人都手捧一大杯盖子上插着吸管的外卖咖啡，边走边喝，心里觉得暖暖的。咖啡就像一条具有魔力的安心毯，能让你对工作的感觉好一点。

但是，如果工作真的让你感觉那么糟糕，你也不要试图麻醉自己不去面对，或者将注意力转移至别处，而是要直面它，想方设法让它变得充满趣味，然后专心致志地投入其中，同时还要确保其他人也同你一样。

你要意识到世界的五彩缤纷，这样你才能明智地抉择。处在麻木的状态中就等于流失生命，走近死亡。所以快点醒过来，找回你的感觉。

苦乐方程式

这世上，做好一切事情的秘诀都在痛苦与快乐的经典平衡式中。如果你在你所感到的痛苦与你正在做的事之间建立关联，这种关联就会刺激你去作出改变，让转化朝着快乐的方向进行。然而，如果二者之间没有关联，继续做这件事情不会为你带来痛苦，那么就什么变化也不会发生。

我的很多时间都用在了为一些大型企业能够更好地创新提供支持上。我的客户都一直认为创新是件好事，有谁会不这样想呢？在与我合作过的高层管理者中，从来没有人当众表示过创新不重要。

尽管他们都同意创新具有重要意义，但怎样把创新落实到现实中对他们而言则是另一码事。这些高层人员的事业生涯都是建立于自己那套几近成为个人习惯的技能之上，叫他们换种方式处事可能会使这些人心生畏惧，因为他们也许会产生自我认同感被剥夺了的感受。

为了帮助他们克服恐惧，每日都实践创新，我对他们已有的痛苦快乐平衡方程式稍作调整，让其变得不再平衡。为了做到这一点，我为他们勾勒出按照一成不变的模式做下去公司未来将可能出现的可怕情景，让他们从多方面真正感受到这种恶劣结果所带来的折磨。这不是智力练习，而是要唤起他们发自肺腑的紧迫感。

为了平衡这一方程式，我又为他们描绘了另一幅场景，这一幅则是得到创新文化支持后的喜悦画面。为了使改变的思想渗透到他们的骨髓中，我设法让他们每天都重温一下创新过程所能释放出的能量。

想成为职场中的猫王，你就必须出色地完成工作。

拖延是对能量的一种浪费。任何项目，你要么不做，要做就应该马上着手，而且要全心全意地投入其中。通过操纵苦乐方程式的条件来确保你的每一分能量都为你所用，成为猫王就不过是时间和方式的问题了。

谁说你要无所不知

我曾经遇到过一家客户公司，其企业文化就是"以防万一"。这意味着有人要在办公室准备幻灯片直到晚上 10 点甚至午夜，以防万一被问到某个具体而棘手的问题。

在职场上，这种文化最具有毒害作用了，它所传达出来的讯息是：如果你回答不了某个高层问的问题，你就会陷入麻烦。这样的文化饱含着恐惧，并为每个人都应该知道所有问题的答案这一假设提供了支持。

这种思想简直要让人疯掉。世界如此多变，1% 问题的答案就会把你的脑子填充得几近开裂。指望一个人能如此聪明，无所不知，还能预见未来，只能算是一种妄想。

每个企业都需要具备几个能对付模棱两可、变化和意外的领导者。商业环境的本质决定着你永远也不可能知道所有问题的答案。最优秀的领导者是那些有足够的智谋和创造力去根据需要找到问题答案的人。

"领导者应该是天才"的思想其实是毁灭性的——而且其毁灭性作用会渗透到所有员工的观念中，因为在这种思想下，员工会开始认为身为领导的你应该什么都知道。这种思想也意味着没有人会把自己不成熟的想法拿出来与人分享，尽管这些不成熟的想法很可能就是可以燎原的星星之火。两个脑子总比一个好使，所以想象一下，如果能将整个组织内每个人的智力都相加起来，那将是一股多么强大的力量。不论何时，只要有人因为恐惧而不敢与他人分享创意，这都意味着一个潜在的突破和进展胎死腹中。

所以你要相信你不可能知道所有问题的答案，你也别指望他人知道。无所不知简直就是一种不合理的期望。

毫无畏惧地说出你的疑惑，大胆地与他人交流你对未来的担忧吧。你若陷入迷茫，就去坦诚地寻求帮助，你的主动会鼓励他人甚至整个公司都参与到坦诚对话中来。

　　你可能会说："我们看重的是拥有好奇心、直觉力和智慧的人。"其实，只有能自己找到问题答案的人，才能真正欣赏和体味这个世界的美丽。

质疑自己的认知

我们是谁，我们的价值在哪里？对于这些问题，长年累月中我们渐渐形成了固定的看法。以往的经历总在一点一滴地影响着我们对这个世界的认知，越是能在情感上引起共鸣的经历，对我们的影响就越为深刻。

假设一架由香港飞往布鲁塞尔的飞机在旅程伊始就以一度之差偏离了原来的航道，最终它将到达的就不是布鲁塞尔而是荷兰了。

我们也面临同样的问题。早年形成的观念往往会决定我们的人生。这些观念影响着我们过滤信息的方式，对我们每次决定都有巨大影响，并在此过程中塑造着我们的人生状态、认知力以及生命的走向。比如说，如果一位忧心忡忡的母亲不断向她的孩子灌输"这个世界上到处都是坏人"的思想，孩子不久就会在自己的脑海里形成这样的观念，于是在其影响之下，他会只是片面地注意到世间的邪恶而忽略一切美好的事物，结果只能使这种极端的观念得到进一步的强化。

当今的媒体就正在和这位母亲一样大肆传播世间的不幸。这就是为什么很多人都生活在

质疑自己的认知

猫王思维训练三

恐惧之中。要想好好活下去，我们就必须打破这一恶性循环。

飞机无法直线航行，我们也是如此。但不同的是，飞行员懂得不断地调整飞行路线，以确保飞机不会偏离航道，如期到达预设的目的地；然而我们设定了人生的旅程，却只能随波逐流，任由命运的摆布，唯一能依托的便是那些扭曲的观念。若能从成见中把自己解放出来，获得更加自由灵活的感知力，我们的人生就能少走很多弯路。

要做到这一点，我们需要不断质疑自己已有的观念，不断往生活中融入新的刺激因素，以挑战我们对自己是谁、什么最重要等问题的认知。

你是谁？

你想要什么？

尽管听起来似乎有点小儿科，但这些问题才是真正重要的，而且你最初的回答可能往往是不正确的。

坐定，深呼吸，微笑，一边自问一边深入内心寻找答案。

与趣人同行

我从来都不能理解人们怎么会有觉得无聊的时候，这个世界五彩缤纷，无时无刻不在发生变化，在我眼里，它每天都像迪士尼乐园。

能源源不断地为你带来刺激和灵感的正是你身边的人。每个人都拥有可以与他人分享的、有价值的事物，我们只需将其发掘出来。

在当今这个年代，通过 LinkedIn、Facebook、FourSquare[①] 等网络聊天工具，我们很容易就能与他人取得联系。如果你将想要开展合作的商业伙伴列在一张清单上，你就很可能与他们取得联络，至少可以通过电子信息的方式取得联络。

你身边会存在这样一些人，他们的光彩比一般人多那么一点点，他们的为人与言行比一般人更引人注目一点点。

让他们成为你生活的一部分会为你的生活带来两处明显的变化：第一，你的生活再也不会无聊了，它会充满想法和新的思想；第二，你自己会成为一个更加有趣的人。

SHINE
HOW TO SURVIVE AND THRIVE AT WORK
办公室里的猫王

---

① LinkedIn：一家面向商业客户的社交网络服务网站。Facebook：一家社交网络服务网站，非官方译名有脸谱网、脸书网等。FourSquare：一家基于用户地理位置信息的手机服务网站。
——编者注

发号施令是最没出息的领导方式

发号施令应该是在没有选择或时间紧迫的情况下不得已而诉诸的最后手段。

我曾服过短期兵役，军队的节奏很快，发号施令与唯命是从可以说是对时间最为经济有效的利用。不错，这样是能顺利完成任务，但是在职场中这种等级权力制度绝对不是拉拢人心的好办法。只有没出息的领导者才会发号施令，因为发号施令最为简单直接，且不需要动脑子，但结果却往往适得其反。

不要这样。

凡事都有三种选择

每当你发现自己处于某种不利情境中时，你都有三种选择。它们分别是：避开、接纳和适应。

生活中，在有些情况下，躲开那些对你不利的人和事是最为容易的策略。这并不意味着逃避，而只是有意识地避开一些改变起来太过艰难痛苦却又最终不可能接受的人与事，在这种情况下，最好的办法就是把它们远远地逐出你的生活。

第二种选择是接纳。确定接纳的最佳时机需要真正的智慧。不过你如果真正学会了接纳，就能从中获得解脱。接受一些你本不愿意接受的事物需要你在观念上作出改变。然而，只有这样，你才可以留出更多的精力来应付那些你既不能避免又不能接纳而是要去适应的事物。

适应是最艰难，也是最需要精力的一种选择。在这里，它是指保持你的态度不变，试图去改变外界的情境，以使你可以与其进行积极的互动。改变世界总是一件让人疲惫的事，所以不在你万不得已或志在必得时不要轻易去尝试。

下次你若被某种人或事所困扰，请好好想一想为了解决它，这三种办法中哪一种所需要的精力最小。如果你能在要做的众多事情上合理地配置自己的精力，你就会发现所有那些让你烦恼或费力的事其实都不难解决。

无乐不为

每一周，我们在工作上平均要花上 40 个小时，来回的路途上又要耗去 10 个小时或者更多，很多时候我们在晚上和周末还要想着工作。甚至有时，我们睡梦里也没有脱离工作。工作把我们的生活占了一大半，很大程度上它决定了我们是谁，以及我们如何向众人展现自己。

如果工作不能成为一种享受，我们生命中的很大一部分就被浪费了。

　　为了不枉度此生，我们有义务向自己保证我们所从事的工作——尽管它可能不是我们全身心向往的——至少是有趣的。当我们在做着我们享受的事时，我们会更容易感到心情畅快，时间飞逝。而不得不做自己讨厌的事却只能是一种折磨。

　　我总会想方设法地让工作变得有趣起来。比如，最近在一次合同谈判中（啊，噩梦般的谈判！），为了使整个场面不太过严肃沉闷，我决定尽量在对手面前表现得和善大方，尽管这样做恰恰违反了传统商道。这次与我们谈判的是一家全球大型企业，之前与他们的几轮谈判整整折磨了我 9 个月。（这 9 个月的谈判下来，双方之间的关系变得紧张起来，以至我要承受的压力越来越大。）

　　在我这样调整了自己的状态以后，我与谈判方做了短短 10 分钟的闲聊。出乎我的意料，在两天时间内，这轮谈判竟然就因为这次闲聊取得了圆满成功。对方主动为我们提出较之前任何一次都优渥的条件，我们彼此都为这场愉快的合作感到欣喜。

　　我的下一个目标是要去给他们的律师下迷魂药……哈哈，你觉得我做不到吗？那我们走着瞧吧。无论结果如何，有趣是一定的。

每天一件头等大事

每当你要着手开始一天的工作时，请先确定你今天的"头等大事"——一件在你下班回家之前必须完成的大事。

很多时候，我看见人们上班后的第一件事就是在自己的位置前坐下，打开电脑，开始回应这个世界，给这个世界想要的东西。很多人就这样一直待到下班回家时，才把视线从显示屏上移开。这一整天的时间里，他们都在围绕别人的日程而忙碌。那么，你自己的日程是什么呢？

你若能清楚认识到自己前行的方向，那么也就能明白自己究竟该为何而忙——为那件"头等大事"。把它放在重要的位置就意味着你很有可能把它做完。一天下来你就能了解这件"大事"选得好不好，如果不好，便可进行相应的调整。

我们总喜欢一心多用，喜欢多任务作业，喜欢把沙箱里的玩具全部拿出来；忙碌让我们觉得自己重要有用，但忙碌同时也稀释了我们的精力。当你的精力被分散在如此多的项目、谈话，或请求中时，你是不可能产生多大影响力的。

在与你的团队共同工作时，每一次与他们接触交流，你都要问一问他们："今天你的'头等大事'是什么？"

他们若是回答不出来，你就要对他们进行开导，直到他们找到答案为止。然后，当这一天结束，他们对你说再见时，你就再问问他们是否已经完成了那件"头等大事"。根据他们的完成情况，你可以或者奖励，或者庆祝，或者记录下他们遇到的问题以便第二天再帮他们解决。如果缺少这种集中精力做一件事的精神，你的团队将失去锋芒与力量。你个人也会如此。

朋友席林曾跟我说，他在拉斯维加斯赌场遇到了一位很有趣的家伙。这个人出手阔绰，并且乐在其中。同他聊天后，席林才发现这位挥金如土者竟是在出版业发的迹。这让她对他饶有兴趣，因为白手起家的百万富翁就像稀有商品一样难得，更别说是在出版业。

这个家伙赚起钱来真是专心得要命，甚至说得上有点儿古怪了。首先他编写出一个算法程序，用它寻找出互联网搜索引擎中信息量最少的常用关键词。结果找出来的是"鹦鹉"。

然后，他来到一个著名的动物园，找到园里饲养鹦鹉的专家，并委托他撰写了一本关于鹦鹉的书。此书完成之后他将第一章免费发布在网上，而将余下的章节设置为付费下载。结果好得出人意料。

光头一个月里他就赚了好几千美元，第一年中就赚足了几百万美元。他刚二十出头，生活在印度，所以也就不难理解拉斯维加斯的赌桌会对他有多大的诱惑了。

"鹦鹉先生"心里装着一件"头等大事"，并且为这件大事全力以赴。他想法之单纯，以及行为之专注，让他收获了巨大的回报。

你若能始终心里装着一件"头等大事"，那么你的成功就会近在咫尺。

你可以再"牛"一点

我知道这个标题也许听起来有点可笑，不过这却是我这么多年来确保我的招聘策略得以成功的向导。我得感谢我的朋友、曾经的同事西蒙·布雷，是他向我介绍了这个概念（尽管他的原句还要劲爆）。

在我说的这种情况下，"牛"的人其实是讨人喜欢的，虽然有时候他们也会犯错，但他们始终敢于戏谑而富有创意地表达自我。这种人的魅力在于他们即使做了蠢事自己也可以不在意，因为他们知道生活其实就是实验新知，不妨开心一笑。我就喜欢自己身边有这样的人。他们敢于冒险，热衷于尝试新鲜事物，并且会不断地向我发起挑战。现在我做的事情——在将由企鹅出版集团出版发行的职场读物里写这样一段粗俗的话——或许也算得上"牛"了。如果你已经读到了这一段，那说明我的编辑也能欣赏"牛"的特质。然而，"牛"可以，但你不能霸道，一个霸道的人绝对不是你所希望出现在身边的人。切记不要将这两者混为一谈。

不能全心投入，就彻底摆脱

职场里，太多的人都因为没有全身心地投入而碌碌无为，浪费了大把的年华。

"我的工作还不错，不过我并不是真的热爱我的工作。""这个项目可以做得很大，不过也许明天就会被董事会砍掉。"

在这类人的内心里，存在一种东西蓄意破坏着他们身体里潜藏的能量，那就是疑虑。假如你总是怀疑自己，怀疑自己的影响力，那么你将永远不能够尽显你本可有的光彩。

在有些事情上你得一头扎进去，对自己说："好吧，尽管我不够完美，但是今天我就是要把这不完美的我全部奉献出去。"这样，你的效率就能大大提高，随之获得的成就感也会扶摇直上。

职场中有太多的人只会袖手旁观、品头论足，到处充斥着愤世嫉俗的情绪。人们若是不喜欢自己的工作，就应该要么改变自己的工作方式，要么离开。你是否已在你的岗位上全心投入，让自己成为最理想的自己？如果没有，你该作何改变来使自己变得更投入？如果想不出答案，那么或许你就该重新润色你的简历，进行新一轮的求职了。还是那句话：要么全心投入，要么彻底摆脱。

旅行吧，去看看这个世界

我始终记得陪一位朋友去海边的经历，那是他第一次去看海。那是一次很特别的经历。大海是什么样子？不褪下鞋袜，涉水而行，踏一踏海浪，尝一尝海水，身临其境地感受一番海浪，没有人能真正想象得出来。

整个宇宙都等着你去探索，大自然、人类和人类文化的多样性能让我们在探险中寻找到共鸣。即便是一个意大利，其北部和南部也有着巨大的差异，更别说美国的爱荷华州和巴基斯坦的卡拉奇了。

旅行能让你精神焕发、胸怀宽广，让你永远乐意接纳新的经历。购买一张机票，进行一场振奋精神的旅行吧。

别和吸血鬼鬼混

有的人不管处在多么糟糕的环境下都能扭转乾坤，变灾难为狂欢。而有的人会把最欢悦的庆祝变成地狱。

我把第一类人称为共鸣器。他们具有能够感染他人的力量，他们相信一切皆有可能，一切皆应不失乐趣。

有一次，我和朋友安迪在从上海乘飞机归来的途中，被大雪延误，没赶上转接班机，因此被滞留在香港机场。刚刚操劳完举办讲习班的事，又经历着时差反应，加上茅台酒的影响，我们两人都觉得疲惫不堪。但安迪却能把这种不利条件变成一场可以全面丰富人生经历的游戏和探险，时间因此而变得不再令人煎熬，我们在这个过程中认识了越来越多的新朋友。

一直以来，我都希望有像安迪这种共鸣器式的人物相伴左右。

这种人可能会在任何场合以任何模样出现在你眼前。他们身上存在一种你难以描述却又不可抗拒的力量。

多年来我一直在努力尝试把人们变成共鸣器，但我不得不承认自己失败了。我们不可能重新塑造他人，唯有为他们增加力量。然而，我们可以让自己的身边多一些共鸣器式的人，从他们那里获得支持去尝试新事物。

谁知道呢！也许通过这样的慢慢渗透，你就能把自己变成一个共鸣大师呢。如果你已经是一位共鸣大师了，那就太好了！

另一类人，我称之为吸血鬼，他们喜欢吸走别人的能量。他们喜爱他们创作的戏剧，觉得在自己的每一项行动中都困难重重，并且他们喜欢揪住这些困难不放。他们可能会向你解释自己如何不喜欢这样做，但其实他们只是企图在这样的解释中寻求安慰。否则，他们何不高高兴兴地吹口哨就行了呢？

不管遇到怎样的吸血鬼，我一直以来都会尽量地鼓励他成为一个能量给予者。但现在我总结出对于这类人我们还是躲开为妙。他们很难驾驭，却也出奇好笑，似乎甘愿永远陷在无可奈何的绝境之中不爬出来。如果你的团队中有这样的人，就把他驱逐出去；如果你的朋友中有这样的人，就别和他做朋友；如果你不幸和这样一个人结婚了……那还有什么办法，你只好借酒浇愁了！

去做那些独一无二的事

如果你的资源有限，你又处在一个大家都在抢占风头的环境中，那你就应该去做点了不起的事。

选择一个意义重大的项目，因为当你搞定它以后，你就能成为焦点人物。你对自己的定位应该是成就一番传奇事迹，使之成为你宝贵的财产。当这样的机会向你招手时，你要全心投入去迎接它，让星星之火燃烧出你成功的火焰。

这样做能使你的形象深入人心，其结果远远胜过你花相同的精力在 10 个意义平平的项目上。

我曾经在和几个朋友一起用晚餐时遇到过一个很可爱的家伙，如今当我回想起他，脑海中只能浮现出"野蔷薇男"这个名字，因为他独创了一种很棒的、名叫野蔷薇的鸡尾酒。这个人一直在我记忆里，因为是他传奇式地成就了这种我最喜爱的酒。上帝祝福野蔷薇！

前不久我在 YouTube^① 上观看了一段剪辑，里面描述了一位名叫亚历克·布朗斯坦的美国人如何运用谷歌关键词广告来吸引创意总监们对自己的注意力（他做梦都想为这些人工作）。当这些人利用谷歌引擎搜索自己的名字时，就会有一条带有亚历克名

---

① YouTube：世界上最大的视频分享网站。——编者注

字的广告冒出来说："用谷歌搜索自己很有趣，雇我工作也很有趣！"。

这个家伙只花了 6 美元就收到了两份录用通知。他现在已成为纽约青年及共和广告公司（Young & Republican Advertising Agency）的高级广告文案撰稿人。能使年轻的亚历克从人群中脱颖而出的正是简单而又独一无二的行动。

你在他人心中留下的历久弥新的印象会为你带来迷人的光晕，而这，就是敢于独一无二的意义所在。

放松一笑

那些过于严肃的人注定只有两种结束生命的方式。

第一种，他们生活得悲悲戚戚，并且英年早逝，临走时带着满腹遗憾，后悔有生之年里没有享受过光着脚丫在草地上奔跑的感觉，没有品尝过香槟的美味，没有像绿野仙踪里的精灵那样戴过高高的尖顶帽。

第二种，这些可怜的家伙只使用了宝贵大脑的一小部分。这些严肃的"聪明人"总是挣脱不了意识的囚禁（神经科学告诉我们意识里潜藏的天才成分只有 4%）。但他们只要能放松下来，给自己找点乐趣，就能释放出更多的潜能。因为当你放松身心的时候，你才真正走近一个强大的信息加工存储器——你的潜意识。

所以，下次当你觉得自己被卡住时，你就笑一笑，做点白日梦。踩着舞步走到你最喜欢的人身边，和他（她）聊天；或者看点戏剧碟片，或任何能让你发笑的东西，直到你肚子笑疼、透不过气来为止。

等你笑得透不过气来以后，再停下来想一想是什么让你如此开心。无论何时何地，当你再次需要这样的开心时，你就会知道如何创造它了。就我本人而言，我只要听听乔希·劳斯的小调，欣赏一番自己的卡其裤，心情就能好起来，就能感觉世间皆美好。

是满脸堆起严肃的愁云，还是聪明地四下寻找愉悦自己的方式，选择完全在于你。

很简单，不是吗？

感觉自己被卡住时就做点白日梦，
然后踩着舞步走到你最喜欢的人身边，
和Ta聊天。

更新生活圈

单单一个组织或个人就能无所不通、样样都会的年代已经一去不复返了。如今，在很多方面，我们都需要从专业人士那里获得帮助。特定领域内的知识技能都已经出色地掌握在这些人的手里，以致我们再去学习已经变得没什么意义了。

如果你一直和有趣的人待在一起，无疑你应该已经了解到他们是怎样的一群人。他们能让你改变自己，并帮你与那些能够激发你思维的人联系起来。拥有有趣的朋友意味着你永远也不缺乏选择，而且总能在需要的时候得到帮助。

要为这些新朋友腾出空间，你不得不摆脱一些旧朋友。随着年月的推移，我们都在变化着、发展着。我们需要时不时地对生活进行大扫除，更新我们的生活圈，尤其是厘清我们宝贵的时间应该用来和哪些人在一起。友谊的维持需要你的投入，所以那些不再合适成为朋友的人，你就应该与他们划清界限，让自己多出一些精力经营新的友谊。

这样说听上去很不近人情，但是你有意识地划清界限，总比莫名疏远后落下个"古怪"的名声要好得多。

穿上不管在身体上还是精神上都能让你轻松上阵的衣物，穿上能真正向这个世界代表你并让你感觉良好的衣物。

为自己而穿

人们对"职业装"谈论得太过了。颜色要恰当、着装要干练、风格要入时……所有这些都不过是一心进取的企业高层们的过度追求。

并不是说我不赞同对穿着的考究，而是我觉得这些就像是骗人的万灵药水一样，效过其实。

要想绽放出自己的光彩，你首先得对自己感觉良好。有些衣物会束缚我们，使我们感觉不自然；而有些却能让我们穿上后感到轻松自如、战无不胜。选择了后者，你会发现这样更容易做自己。

穿上不管是在身体上还是精神上都能让你轻松上阵的衣物，穿上能真正向这个世界代表你并让你感觉良好的衣物。

如果你衣柜里的一些衣物已经不能满足你这样的要求了，那就将它们打包起来，捐给慈善机构，供那些真正需要它们的人使用。这样早晨起来你就不用浪费时间和精力试这个合不合适，再试那个合不合适了。这就是固定的穿衣风格带来的好处，它帮你把那些没用的衣物都收拾掉了。

只穿那些能让你行动自如的衣物。如果穿上高跟鞋你就会不知道怎样保持漂亮的步伐或者不喜欢这种感觉，那就不要穿高跟鞋。如果系领带让你感觉好像头脑和身体发生了分离，那就不要系领带。如果你不喜欢自己休闲地穿上 POLO 网球衫和丝光黄斜纹裤的样子（虽然职场上有许多人这样穿），那就按照自己的喜好穿别的。

我还记得自己和丽思·卡尔顿酒店[①] 的 70 位高层人员的一次谈话。那次聚会让我印象深刻，因为这些工作在高端服务行业里的人在着装上都无懈可击。他们的服装都是量身定制的，自己也将其衬托得很好。

有人建议我也穿上西装，不然我的讲话可能会收不到理想的效果。说到这里，这件事我永远也不会忘记。我平时最讨厌穿西装了，于是我选了一件很朴素的西装，但我仍然感觉不自然，似乎我已经和真正的自己分离开了。因此我失去了平日里那饱满而富有感染力的状态，只能表现得僵硬呆板。

自那以后，我只为自己而穿，并一直感觉良好。如果人们

① 丽思·卡尔顿酒店是一个高级酒店及度假村品牌，分布在24个国家的主要城市，总部设于美国马里兰州。——编者注

不喜欢我们真实的样子，我们就不可能与他们发展出良好的关系，既然如此，我们就不用浪费时间了。

把你喜欢的衣物收藏在衣柜里，把不喜欢的丢掉，永远不为别人而穿——除非是周末你想给自己来一番精心漂亮的打扮。

跟着直觉走

对于直觉，有很多种解释。有人认为，当你产生了某种直觉，那其实是你的潜意识在向你发出信息，告诉你它看到了什么有趣的事；也有人认为，直觉代表你对共同意识的探索。不管怎么说，直觉都是我们的好朋友。

直觉是一笔宝贵的财富。我们有意识的大脑太过渺小，在不确定因素太多时它就会变得混沌不清，我们常常无法指望它想出要做什么，或预见哪条路是正确的。这就是你需要直觉的时候。

为了得到直觉的帮助，首先你要像计算机程序那样向它确定你正在寻找什么。确定的方法是将想象中的场景真实化。直觉的发生不是基于概念，它只会对绝对真实的事物作出回应。所以，为了得到有效的直觉，你必须先将各种选择付诸实践。

举个例子，如果你被卡住了，不知道选择哪种行动最好，那就随便选一个。你现在还不需要行动，只需先决定你要做什么。然后带着这个决定，勾勒出你将它进行到底的真实过程。

注意自己对这个过程的反应。感受它让你的身体和思想发生了怎样的变化，尤其是你与自己、同事、企业之间的关联感受到了怎样的影响。有些决定能立马让你感到再好不过，你身体的每一个细胞都能确信这就是正确的；而另一些则完全不着调。这种排除法同样可以为你指明简单明了的行动方向。

假如你还是不能确信自己的决定正确与否，那就撤销这个决定，选择另一个，重复同样的过程试试看。如果你发现很难将该过程真实地描绘出来，那么对一些人说出你的决定，这样会让它变得更加真实。然后，再次带着这个决定检视自己的感觉。

尝试不同的选择能让你产生直觉，直觉能帮助你更好地认识可能会出现怎样的结果，以及这些结果能如何满足你的需求和欲望。只有改变你的感觉方式，你才能感受到直觉的作用，所以你要对它所传达给你的信息保持高度的敏感。

假如你有三种方案来完成一个项目，而每种方案看起来都很棒，让你无从选择。你可以按上述的方法每个星期尝试一种，然后据此决定出哪一种会收效最大。

在工作中，我所知道的那些最优秀的创新者都是具有高度直觉能力的。他们不能向你解释为什么这样决定，但是他们就是能知道某些选择比另一些好，并且相信自己的直觉胜过混沌的逻辑。

直觉是我们与生俱来的一种能力，我们天生可以凭着感觉摸索到生命的方向。如果你能更好地开发利用这一天赋，你的生活将会变得畅通无阻。

不要让你的决定只停留于想象，让真实的情景出现，然后跟着感觉走。

反馈的精妙艺术

"反馈"这个词经常带有些许恐惧的色彩。当有管理人员对你说他们要给你一些反馈时，他常常会让你内心不安，因为你觉得一般别人说这种话是代表你有什么事情做错了。

但反馈也是一项工具，我们可以用它来了解并实现别人的期望，获得更好的进步和发展。而我们却常常将发展进步和日程管理混淆不清。反馈是我们在生活中获得学习的一种方式。我们尝试某样事情，然后注意到随之发生的状况，再根据这些状况所给予的反馈对下一步的行动进行相应的调整。

我们所面对的问题之一就是不能准确认识自己以

及自己的表现和影响力。为了绽放自身的光彩，我们得每天都渴望获得反馈，不断地向他人询问自己做得怎样。这样我们就能持续不断地获得进步，并更好地认识到我们是谁、在做什么、我们的行为会产生怎样的影响。

反馈之所以落下"让人感觉不安"的坏名声，原因之一在于传达的方式不妥，原因之二在于它只随着问题一起出现。如果你真心想让他人从中获得学习和成长，你必须不仅让他们知道哪里还需要改进，也要让他们知道哪里做得很好。

我的经验法则——从马尔科姆·格拉德韦尔的书中获得的启示——是传达出一则发展性反馈信息（即需要改进的地方）的同时，传达出5条鼓励性反馈信息（即对出色工作的认可）。

通过这样的方式，从我这里接受反馈信息的这个人无疑会确信我是站在他这边支持他的，于是他学习起来就更容易。

每一天，我也都在为自己寻找反馈——这也不是很难，因为我总在台前对很多人讲话，或和团队一起工作，或组织一些大型项目。这些年里，我收到了很多反馈。其中有些是没什么用的，例如："克里斯，讲得很好啊！""克里斯，喜欢你这精力充沛的样子！""克里斯，我觉得你有点跑题了！"

所有这些评论都没有具体说明什么。讲得好是哪里讲得好呢？你怎么感觉到我精力充沛呢？到底是哪里跑题了？

没有详细说明的反馈是没有用的。只说我"讲得好"没法让我知道下次该在哪一方面进行改进。如果有人说我与大家互动的方式很幽默，能让人们放开戒备，这意味着下次我还可以使用同样的方法。

另一个问题是，我们总是弄不清别人向我们传达反馈信息的初衷。人们为你提供的反馈信息其实是一项能够辅助你学习如何发展自己的工具，所以你应该学会如何去对它作出回应，而不是非要根据它作出改变不可。

优质反馈的关键在于你与之一起传达给对方的精神和意愿。你给予反馈的初衷应该是帮助那个信息接受者从中得到进步和成长。

以下是提供反馈信息的基本步骤，在自身发展和帮助许多企业改变文化的体验中，我真正感受到了它的珍贵。

第一步：自问

在传达反馈信息之前，你必须先确定自己处在合适的位置，接收方也处在合适的位置。试问一下自己："你的情绪对吗？你是出自良好的意愿吗？"永远不要在你生气或失望的时候给别人反馈，因为这种时候你会很在意对方的反应。这样的话，你就有了操纵支使他人之嫌，这远算不上朴素的反馈。

同样，人们并不是随时处于接受新信息的良好状态中。他们可能正心不在焉，正疲惫不堪，或正满腹愠怒，这种时候你的金玉良言只会是多余的。在这样的情况下，你要重新安排一个适合彼此的时间。

第二步：事实

所有的反馈都需建立在具体事件或活动的基础之上，建立在双方共同承认已经发生过的事实之上。

举个例子：昨天我们和可口可乐公司的会议晚结束了一个小时。但昨天恰好又是我的结婚周年纪念日，我和妻子约好了回家共进晚餐的时间，我一直担心自己会迟到。我们一起叫了一辆出租车在外面等，但后来你把车让给了我，让我坐出租车直接回家，而你去挤公交车了。

这就是基本事实。在这点上不管谁要给出反馈，都必须首先承认确实发生了这回事。否则，你的反馈就会引来争议。所以你务必要先弄清楚实际状况。反馈要尽量在事情发生之后不久就提供给对方，这样才能清晰明朗。

第三步：理解

接下来你可以和对方交流你对这个事情的理解。

"这让我觉得你真的很善于理解他人生活的重要之处，并能置之于工作和自己之上。"

就这样，你自己从事实中得出了正确无误的理解。

第四步：回应

向对方说出你的理解以后，你可以和对方谈谈事情的结果以及你对这件事的理解带给你什么样的感觉。

"回家的路上，我坐在车里，心情很好，因为我将要和这个在我生命中占有重要分量的人在一起度过一个愉快的夜晚。这次你能理解我的处境，并把我放在优先于你自己的位置，我也想在将来能以同样的方式回报你……我喜欢在这种把生活看得与追求利润同等重要的企业里工作。"

第五步：坦白

你的同事现在获得机会畅所欲言了。

他们可能会说："事实上，我当时本来就更想坐公交车回家，因为我想顺路去买点东西，如果我们一起打车，我就不能买东西了。"

或者，他们很可能会这样说："嘿，坐出租车是好的，因为那会儿挤公交确实麻烦，但我看得出来你有点着急（所以就让你先走了）。"

运用这五步来进行反馈，能让对方更容易理解反馈的内容，明白自己可以根据它再做点什么。

尽管这些步骤让人感觉有点烦冗，但经过长时间的练习以后，这个过程就会变得更加自然流畅。成功给出反馈的关键在于两点：

第一，务必要出自美好的意愿。不要借此来宣泄自己的不满，或对同事指手画脚，不要只是简单一试。否则，你就搞砸了。

第二，务必要把事实和你个人的见解分开。两者要一码归一码，这样才能起到作用。

这一套技巧和步骤已被很多企业和组织使用，但大家的叫法都不一样，有的叫它"基于事实的反馈技巧"，有的叫它"出自美好意愿的反馈技巧"，还有的称它为"科学谈话"。我为它命名为"朴素的反馈"，不过也可叫它"伯纳德"。（还记得那只可爱的填充玩具吧？）

重要提示：在你想为他人提供反馈时，千万不要张口就说："嘿，我要给你点反馈。"这样的言语十之八九会让人感到一阵郁闷。相反，你可以说：

"嘿，我发现了点可能对你有用的东西，你想不想听？"

善用反馈，你定能受益匪浅。

做白日梦

课堂上，老师们常常让你不要做白日梦了，其实他们这样说不对。

白日梦对我们是有好处的。

白日梦是缓解压力的一种方式，它可以让大脑趁着这段时间来加工处理接受到的各种信息及刺激，如果缺少了这个时间，大脑很容易不堪重负。

白日梦还可以唤醒潜意识，激发新的想法。在思绪任意驰骋之后，那些新的见解或看法常常会推动我们前进。

所以，放轻松，多去欣赏一下窗外的风景。

不容错过的小贴士：记录下你隔窗发呆时的所思所想，一切将会妙不可言。

所以，放轻松，多去欣赏一下窗外的风景。

管理就该三权分立

车轮诞生以后，工业巨头们就孤独地站立于他们自己建立的王国之巅。

领导的位置其实很不好坐，高处不胜寒，坐上这个位置就意味着被孤立。许多领导会想方设法走到企业外部去寻求援助，因为他们很难从下属那里得到任何实质性的帮助或是有参考价值的意见。如果你采用的是传统的领导方式，情况会更加糟糕，你要自己找到解决问题的办法并作出决定，所以你必须是一个无所不能的超级英雄。

有人分担，生活也会变得容易一点。双向合作方式的成功已经显现，这种成功在创新产业内尤其明显，同时它还是传统广告工业遗产的核心部分。因为这种方式一方面让合作的双方得以缔结紧密的关系，另一方面还可以为自己带来新的技术以及见解。

个人经历告诉我双人合作的重要性，但这种合作也并非十全十美。如同任何关系一样，合作关系也有它自己的期限。可以经受住时间的考验并且取得卓越成就的合作关系少之又少。而且，我敢说任何合作伙伴之间都可能会发生争吵。

现在有一种更好的合作方式了。商业的幸运数字是三。由三个人紧密合作、共同领导的部门或者企业优势明显，可以摆脱一人领导或两人领导的弊端。

三人联盟中谁都不能松懈。没有人可以凭借自己的地位沾沾自喜或者不思进取，因为其他两个人会趁此跑到前面去了。处于领导阶层的三个人必须多元化，因为这样可以从不同的角度看问题。

以我所见，三人一组是最优组合。（4个人很容易分化成两派，且依我的经验，自力更生又会孤立无援。）

我曾经是三人领导中的一员，也见过其他组合的紧密协作，所以深知它的优势。三角组合不需要分工明确。最重要的是三个人同心协力，为了共同的目标奋斗，并且互相支持以实现目标。这种关系不拘泥于形式，一旦生效，整个团队就会为之赴汤蹈火，在所不惜。

如果有人提醒你三权分立是一个坏主意，告诉他上帝①统治江山用的也是这种方法。

想法改变不了世界，但思路可以

许多公司在集思广益、改革创新方面经历的失败是源于没有认识到思想与思路的区别，或者是两者差异的价值。

想法是获得思路的敲门砖，但想法本身没有任何价值，真正有价值的是思路。

比如，"我们要整顿供应链"就是一个想法，因为我们不知道整顿后的供应链会是什么样，也不知道该如何整顿。而就此引发的思路将会是"下周二和供应商会面时，我们要讨论现有供应链的不足之处，并且要提出三条改进意见。其中一条应该为'犬儒诊断'，这样我们就可以挖掘出各方的真实想法"。

现在我们就知道自己要做的是什么了。

想法是风中的尘埃。

思路是口袋里的金子。

猫王的创意法则：**让你的思路散发魔力**

你的思路必须是通过正确的方式获得的。

在"唤醒你心中的猫王"部分，我们知道如果某个思路通过了"信封测试"，就证明我们的思路是正确的。该测试包含一个简单的问题："如果我们把思路装进信封并寄给乔·福斯特——一个非凡的革新者，她会将其付诸实践吗？"如果这个思路的细节完整明确，那么乔即刻就可以着手处理。

如果这个思路的精髓都未能体现，那乔也将束手无策。

这种情形就是在浪费每个人的时间。

他们想从你身上得到什么？

一般来讲，企业里有两种思考方式。

第一种思考方式具有分析性、逻辑性及简化性，并且普遍存在。这种思考方式基本是在大脑的意识层面进行，具有一定局限性。

第二种思考方式具有创新性及延展性，我们每个人都具有这种能力但却很少使用。

这两种思维方式对于想在企业里取得成功的任何人来说都是至关重要的。大多数时间里我们运用逻辑思维处理问题，但在逻辑思维不起作用的时候我们必须转换到创新性思维。

知道何时转换是一项挑战。它需要我们在任何时候都必须有明确的目标，因为理性思维与创新思维是两种截然不同的思维方式。当你在做一项工作时，问问自己"我现在最需要的是什么"。是商业的理性思维，还是具有创新性、洞察力的开阔性思维更好呢？

当与其他人共事时，思考方式的转换尤为必要。我确信你一定在开会的时候遇到过下面的情况。有一个人发言道："我有一个新想法……"这时另外一个回应道："我们已经尝试过那个方法，但成本太高了。"现在你所看到的就是两种不同的思维模式：创新模式（长远上这个想法可以增加赢利）和逻辑模式（这个想法会在短期内造成亏损，而且不能确保今后一定成功，我们为什么要冒险呢），这两种不同的模式最终造成了双方的意见分歧。

思维模式的转换听起来很简单，事实上也确实如此。它是领导者推动行业发展、创造企业奇迹的必备才能之一。

只要转换思维运用得当，你的员工马上就能带给你许多新点子。

你就变成了他们心目中的猫王。

助人为乐

职场的特质是种瓜得瓜、种豆得豆，但也许要经过很长时间的等待，你才能有所收获。

比如在销售部门，你花很大力气建立的一些关系在短期内并不能给你带来收益，你只能寄希望于长远效益。每个人都希望自己的付出能有回报。当你真正得到回报的时候，你会发现它与你的付出并不成比例，而且它出现的时机也无法预测。

这项原则同样适用于同事之间的相处之道。如果你尽己所能地帮助了别人，那么你终究会以某种方式得到回报。

企业员工对于没有直接回报的助人行为常常不是很理解，我觉得他们没有抓住问题的关键。我常常对我的孩子们说："善有善报，恶有恶报。"

如果你在公司传播快乐并且乐于助人，你的善意带给你的回报将会比你先前付出的要多得多。

不要吝惜你的时间与帮助。

关心他人，关心他们的挣扎，关心他们的梦想。最后你会发现他们似乎对你的事情更感兴趣。

当你在帮助别人的时候，你们之间的关系会比原来密切。和别人的联系越多，你就有更多机会获得关注，发挥作用，在任何舞台上大放异彩。

有时，帮忙只是举手之劳，给同事泡杯茶，一起准备报告，或者给陷入瓶颈的同事一些灵感。

我曾经对自己在公司的角色有过疑虑，不确定自己是否可以坦然面对自己在公司的价值体现，所以一直在考虑辞职。总裁当时正在德文岛度假，但他依然召集了所有董事和我一起吃饭商讨这个问题。当时他亲自开车过来参加会议，然后再连夜赶回去和他的家人汇合。对此我一直铭记于心，希望有朝一日能回报他。离开座位，去充分发挥你的才干吧！

在没有明显理由的情况下帮助别人，给他们一个惊喜，然后注意由此带来的影响。上帝会以最出乎意料的方式给予你丰厚的回报。

关心他人，关心他们的挣扎，关心他们的梦想。到最后，你会收获更多的关心。

化繁为简

有时候，其实是大多数时候，商业环境就像是一台会自我复杂化的机器。

假如让三位执行经理一起待在一间放有一盒火柴、一根蜡烛以及一瓶葡萄酒的屋子里，你绝对可以担保即便他们在里面待上一个小时也不会懂得畅享深层的人际交流和美酒的芳香，而是会一心分析消费者对浪漫的要求，并讨论在此方面的投资与回报。

人们常以为把事情变复杂是聪明的表现，其实那样不代表聪明，只代表愚蠢。相反，把复杂的事情简单化才需要真正的智慧，很多公司高层在这点上都做得不够。

人们都有把事情弄明白的需求。我们乐意去领会，但职场里有些人总爱使用一些晦涩难懂的行话，似乎本意就是别让你听懂。这种商业腔不仅将很多人拒之门外，并且会造成一些可怕的误会。这和《皇帝的新装》有点像。当你使用一个别人没听过的术语时，他们基本上不会问你这是什么意思，因为他们害怕问了会暴露出自己的无知。

保持事情简单明了，这样你就永远也不用担心人们没有明白你的要义所在。

猫王的简单法则：直白表达

人类本性之一就是在开会时既不愿捣乱，也不愿招来关注，老板不在场的情况下尤其如此。即使你的表达或演示中有模糊之处，也不太可能有人会站起来提出疑义。因此，作为一个领导，你有责任学会使用能让人们即刻理解你意思的交流方式。

这意味着你应该避免使用行话和商务腔。

你可以多用一些图片、比喻和类比来抓住人们的注意力。

你还可以通过讲述一些故事来更加生动地表达你的意思，让下至 9 岁、上至 90 岁的人都能一听即懂。

最近我有幸体验到了餐饮业巨头菲多利食品公司[①]的首席执行官阿尔·凯里是如何对自己公司的使命作出解释的。他的演讲做得很漂亮，我当下就听懂了，因为他用了几个简明扼要的标

[①] 百事可乐公司最初以生产碳酸饮料为主，直至 1965 年与休闲食品业巨头菲多利食品公司（Frito-lay）合并后才正式更名为百事公司，从此将休闲食品业务纳入公司核心业务。——编者注

题把要点概括了出来，且每处要点都配有一个生动的图标、一则个人亲身经历的故事和一段视频，从而使每个要点都更为形象真实。我确信如此充分彻底地表达出他要传达给大家的信息一定花了他大量的时间和金钱，但当你想象一下准确讲述企业使命并树立使命背后的公司形象是多么重要时，你就会相信为之所付出的每一分钱、每一滴汗水都是值得的。

在 20 世纪 70 年代末，本·里奇——那个曾经领导了洛克希德公司[①]高端研发项目和臭鼬工厂[②]的家伙——想从美国中央情报局那里得到财政支持以研制 F-117 隐形战斗机[③]。他发表了演讲，并在演讲中用数学方式向大家展示了很多信息，但全世界并没几个人知道二面和三面雷达控制板是干什么用的。因此，他那类似当今幻灯片的表述方式并没起到什么作用。

于是，第二天他再次出席会议时，手里什么也没拿，也不再用粉笔在黑板上给大家罗列数据，美国中央情报局的领导和首长联席会的成员们都向他投去了质疑与嘲讽的目光。

本从口袋中掏出一个弹

闪耀

117

① 洛克希德公司（Lockheed Corporation）创建于 1912 年，是美国一家主要航空公司，1995 年同马丁·玛丽埃塔公司合并成为洛克希德·马丁公司，该公司是目前世界上营业额最高的国防工业承包商。——编者注

② 臭鼬工厂（Skunk Works）始建于 1943 年，是洛克希德·马丁公司最具传奇色彩的航空科研机构，素以研制隐形侦察机和美军绝密航空研制计划而闻名。——编者注

③ F-117 隐形战斗机是世界上第一种可正式作战的隐形战斗机，曾秘密服役了 7 年之久，直到 1988 年美军才正式公开了机身照片。F-117 先后参加了巴拿马战争、海湾战争、科索沃战争、阿富汗战争、伊拉克战争等多次实战行动，战果显著。2008 年退役。——编者注

珠大的滚珠轴承，让它沿着桌面滚向头衔最高的长官，同时说道："我能为你们造出来的飞机，当把它放置于敌人操作盘前端时，它的雷达侧面图大小就像这个滚珠在离目标 10 英里以外的高空中的大小一样。"说罢，他立马成功获得了财政支持。

我们所有人都可以表达得再清楚一点。只有保持简单明了、贴近事实的叙述方式，我们才能让人真正明白我们的意思。有效的沟通可以帮助我们在职场中绽放出更多的光彩，施展出更重要的影响。

下回你要在会上向大家传递什么信息时，别忘了想一想怎样表述会更好，怎样才能用一种简单有力的方式抓住听众的注意力。

有趣的人都拥有一件宝贝。

这件宝贝可能是他们与众不同的穿着打扮。

可能是他们尝试新事物的热情。

也可能是每次开会时都能把大家逗笑的本领。

它是什么并不重要，重要的是你拥有它。

能使我们与众不同、使我们富有生趣的宝贝也能使我们绽放光彩。

获得这样一件宝贝，然后为它做个傻瓜，因为将它闲置一旁远远比不上充分重视并利用它。

我的宝贝是诗歌（这一点显而易见，我不说你也明白）。

三种领导风格

若想绽放光彩，你不得不学会如何引领他人。从本质上说，绽放光彩就是要激励别人做得更好、做得更多。在你对同事的影响迅速增强时，你的领导能力也会随之快速提升。

不论是对组织还是对个人而言，我们都有需要帮助别人寻找更好解决方法的时候。这种时候正需要我们发挥引领作用。

我们每个人都有自己的处世方式，具体而言，就是都有一套能让自己感觉舒适而自信的行为准则和技巧。这些其实都已经成为你的习惯，将来在你引领他人时，这些习惯就成了你的领导风格。我相信这样形成的领导风格在大多数情况下都是非常富有效力的。

然而，要成为一个出色的领导者，你还得学会三种方式。其中任何一种都不是完美的，但每一种都具有价值无量的魔力。

第一种是引领式的领导。这是一种传统的领导行为，需要你用足够的专业技能、远大的视野去带领其他人向前。这需要你对你们正在做的事情和正在行进的方向充满自信。在你时间不够用而自己懂的又比被你领导的人多的时候，这样的领导方式是有效的。

第二种是并肩领导。这是一种合作式的领导。在这种领导行为中，做什么以及如何做是由整个团队在你的帮助下共同决定的，你与其他人同等程度地参与决策。这种领导方式适合开创性的探索，也适合同时代人之间的共事。合作式领导也许不能那么快速有效地完成任务，但对员工归属感的建立以及多样化思维的培养都是很有意义的。

第三种是幕后领导。意味着你要训练你的团队，让他们具备决策和自己负责的能力。这种领导行为所需的时间更为漫长，但益处在于你把自己的能力传递给了你的团队，于是可以把未来交给他们，自己无需再对具体的细节进行过多的了解。

大多数工作的完成都得益于在恰当的发展阶段恰当地运用这三种领导方式。就我个人而言，在项目开始时，我会花费相当长的时间从事幕后领导工作，因为此时我还在问问题，没有掌握除培训客户以外的其他工作所需要的足够信息。一旦我弄清楚了项目的具体需求，我就变成了一个引领式的领导者，向团队给出我对问题的具体建议。随后，我又采用合作式的领导，和我的团队一起从各个角度考虑如何以这个建议为基础，寻找解决方案。在 10 分钟的时间内，我也许就用到了所有这三种领导方法。

如果你能更加熟悉这些方法，并有意识地在恰当的时机运用它们，你的影响力就能得到提升。

当我与团队一同在寻找新思路上遇到困难而停滞不前时，改变领导方式常常能有效地帮我们疏通阻碍。领导方式的选择与采用可以成为你的一项重要智力资源。

我们都有各自青睐的领导风格，并且采用的方式也都各不相同，尤其是在我们从"内容领导"（项目的内容）与"过程领导"（该如何行动）的不同角度来考虑问题时，这种差异尤为明显。所以你需要做的就是找出哪一种方式让你感到最自然、最能推进你的项目，并且最有益于你与团队的关系。

不论采用哪种风格，你都一直处在领导的角色中。只是在某些时候，选用不同的方式能让你绽放出更亮丽的光彩。

置身其中

面对未来，企业需要一个清晰的视野，而你需要在这个视野与你以及同你共事的人之间建立联系。

在我认识的人中，最优秀的领导者都是最善于交流的人。他们总能择时而言，选择对企业而言最重要的事迹来讲述，而这些事迹便迅速融入企业文化之中，成为企业传奇的一部分。

SHINE
HOW TO SURVIVE
AND THRIVE
AT WORK

办公室里的猫王

122

如果你想从人群中脱颖而出，你务必要先弄明白事情正处于什么样的状况，并且你要通过讲述事迹来向大家解释目前的状况。

多向大家传播模范人物的事迹，把他们打造成英雄。比如，有位财务经理为公司节约了 100 万美元；有位私人助理指出了老板计划中的一个缺陷，结果弄得老板连饭都吃不香；有位工程师在很长时间里一到周末就去钻研他的新主意，结果掀起了公司的又一轮创新……这些故事每经你口述一次，其人物都能释放出更多的光芒与能量。

同样，你自己也要有类似的事迹能被他人传颂。正如你会讲别人的故事一样，别人也会讲你的故事。没有什么比成为企业远大前程中的一分子更能让你脱颖而出的了。

要使这些故事发挥真正的效果，你还需要把它们同企业的战略性目标联系起来。你所讲述的故事要既简短又让人难忘，并要能够激起情感的回应，要能产生因你而丰硕的果实。

要实现这些效果，故事中最好不要太过突出自己，而是要在企业价值观的比照下将自己置于一个正面的位置。比如说，假如你所在的企业推行冒险精神，那么你可以讲这样一个故事：你曾怎样冒险，又怎样出了差错……然而，老板却仍然对你表示支持，因为你所尝试的正是企业所认同的组合投资方法。

讲述这些故事，用你的故事为企业的未来勾勒出一幅蓝图——但别忘了把自己加进去。

在运动中放空自己

多年以来，我一直被企业领导者们对运动的执著所打动。

很多领导者都喜欢跑步、游泳、去健身房或骑他们那辆性能超好的自行车，有的还喜欢种植花草、果蔬，或装扮居室等。可以去海上开游艇时，他们不会懒坐在沙发里；可以去爬山时，他们不会躺在被窝里睡懒觉。

在对领导力的看法上，巴黎欧莱雅集团的一位总裁与我的观点如出一辙，我们都认为：要想平衡分布我们的精力，我们需要动手做点事情。

我们有太多的时间都用在锻炼大脑方面了，以致身体的其他部分几乎得不到任何锻炼。而且人徒有一个功能健全的大脑也是不够的，我们天生就是有血有肉的动物，只是独特的加工能力让我们远离了动物王国，但这却破坏了我们大脑与身体的平衡，而为我们的工作提供能量支撑的正是我们的身体。

很多工作卖力的总裁都会经常通过去健身房或去

打壁球来找回大脑与身体的平衡。当我们对大脑的使用多于对身体的使用时，我们就需要借助一些事物来帮助我们释放掉一天里所蓄积的情感。为此，最简单的做法就是跑步。几年前，我会在下班后跑着回家，全程一共有约 5 英里，加之我跑得又慢，我通常需要花费足足 50 分钟的时间，穿过海德公园，再穿过伦敦几条最繁华的街道，才能到家。但是回到家时我白天里积蓄的一切不良情绪都已释放干净，我已经调整好状态，准备做个好丈夫和好父亲。

　　最近我一直比较关注涉及创造与成长的活动。沉浸在大自然的美丽下，或通过进行一些与身体有关的活动来接触自然，都是人生里美好的事情。曾经在一些年里，我总不明白为什么有些人如此喜爱园艺，想不到如今我自己竟然也迷上了园艺。有些人迷恋高尔夫，道理也许也是如此吧。爱好这项运动的人，应该不会只是满足于穿得像个皮条客一样把小球击到洞里去，而是从中获得在自然的天地里行走与谈话的快乐。

　　一定要找到一种释放自己的方式，这样你的身体才能处于鲜活与饱满的状态，向你那过度开发和使用了的大脑看齐。

我会在下班后跑着回家，
穿过海德公园，再穿过伦敦几条最繁华的街道，
将白天里积蓄的一切不良情绪都释放干净。

打造你的职场水滑梯

把你的职场生活想象成一个电路。

在你着手新的任务或工程时，你就是在向电路中传导能量。就像电路中存在电阻一样，能量在流通的过程中也会有损耗。而且电路越是庞大复杂，其电阻也会越大。

那么，你怎样才能用有限的能量换取到最大的回报呢？答案是：巧妙使用精力，减少能量损耗。

首先，把精力用在你看好的事情上。因为如果你心不在焉的话，你就难以产出更多的能量。当你相信一件事情的价值时，做起来就会更有动力，你就能走得更远，就能更好地发挥出自己的影响力。对于正在做的事，如果你不知意义何在，那就趁早放手。

其次，创造出你的水滑梯。主题公园里的水滑梯又快又有趣，因为它几乎不存在摩擦阻力，能量可被高效地利用。你从上往下顺势而冲，感觉自己要飞起来了，于是笑逐颜开。职场生活其实也可如此。

你可以把每一项工作都设计得像水滑梯一样轻松（而不必像拖着三个笨重的行李箱，身后还带着个年迈的老人，去喜马拉雅山徒步旅行那般艰难）。

为此，你需预见可能出现的阻碍，一步一步将这些阻碍因素降至最低。你要能深谋远虑，要能读懂站在你对立面的那些人是怎么想的。

在你正奋力申请一个项目，或推动一个项目，或为之寻找资金时，往往总会有人给你出几道难题。不过幸运的话，你也会因为遇到贵人而一帆风顺。不管是遇到拦路虎还是遇到贵人，你都要在正式会面之前先单独与他们进行沟通。这种寒暄式的交谈能像润滑剂一样为你减少阻力。

如果你还能将手头的项目与企业的核心战略、总裁的雄心壮志，以及大家都在为之焦头烂额的客户需求挂钩起来，你的水滑梯就开始变得更加倾斜、更加顺滑了。这样你不仅能顺流而下，还能借助强大水流的力量来带动你的项目。

有些人喜欢启动项目，但很快会心生厌倦，半途转向另一个项目，很难善始善终，我本人就是其中之一。为了弥补自己的这处不足，我尽量和那些能完善工作的人待在一起。我也会因此对自己的生活进行特别的规划，让自己去做能在短期内爆发出影响力的工作，而不去策划一些自己知道最后会以无聊收场的事情。

我要求自己定期地做一些新鲜有趣的事，以使自己这方面的本性得到满足。当然，我所做的事情会和企业的未来走向相符，但我在成功的标准上不会那么苛刻，我不指望从每一项付出的资本中都得到回报

（不过，它们似乎总是能为我带来利润）。所以说，我只是顺应我的能量流向，而没有去遏制它。对我而言，我的水滑梯设计得恰到好处。

那么，你的呢？

找到于你真正重要的事物

对于生存，我们真正需要的是食物和水、住所和爱。但对于光彩的绽放，我们需要的则更多。

回首过去的生活，你定能注意到自己在有些时候比另一些时候更敢于冒险，更能感受到快乐，更能做真正的自己。在这些时候，你总是充满动力，而这些动力正源自那些对你有重要意义或让你求之不得的事物。

人有各种需求，比如，你得在这个世上活出个样子来，你得给他人做培训，你得面临严酷的竞争。具体的情况因人而异，但我们都必须明白一点，那就是：如果说生命是一座时钟，那么这些需求就是时钟的发条，有了它们，我们才能滴答滴答地运转。

回想你真正感到活力无限的时刻、你能看透某些人事之荒谬的时刻、能感到自己内心某处受到了挑战和冒犯的时刻，把它们记录在纸上，至少写下 5 个。

读今天的报纸，看看什么消息会给你带来消极的影响。它们让你感到紧张、愤怒还是悲哀？到底是什么让你产生了这些情绪？是什么东西你如此珍视却受到了威胁？

最近我在做一些练习的过程中发现，我之所以有时感到沮丧，常常是因为我的行动没有产生想要的结果，我觉得时间被浪费了；或者是我不能从中有所学习；或者是我感到没有空间可以做新的事情。

现在，再来回味一番那些曾经让你感到心灵升腾的时刻。这些时候，你觉得自己正在恰当的时间里，恰当的位置上，做恰当的事情。你或许是在工作，或许是在享受天伦之乐，或许是在与爱人相聚。那么，这些时间里到底是什么让你感觉如此美妙呢？

我生活里的美妙时刻包括与向我提出挑战的人一起共事、我感到有足够的时间与空间进行创新，以及我创造了有目共睹的成就。

通过对生命中的这些时刻进行探索，你就能厘清什么对你才是真正重要的。若想开发出自己真正的潜力与生命力，这些重要的方面需要出现在你的工作里，需要存在于你工作的方式中。

把工作向最能愉悦你的环境拉近，你一定能从中得到更足的劲头。

SHINE
HOW TO SURVIVE
AND THRIVE
AT WORK

办公室里的猫王

130

生活总是满满的。

媒体无时无刻不在劈头盖脸地向我们倾倒泛滥的信息。

我们扮演着如此多的角色，担当着如此多的责任。

我们习惯了快节奏的生活，一旦慢下来就会感到多种不适。

我们可以神话般地同时完成多项工作，但却越来越远离了作为人的情感根基。不论受到何种驱动，我们都不可能做到一面眼观外部的机遇，一面耳听内心的声音。

给自己一个假期，重新校准你的生活。

抛开一切——媒体、电话、工作、责任。我甚至还远离了熟食、咖啡和酒精，这些都会在很大程度上分散我的注意力。想要清淡生活，那就什么也不干，只吃一吃沙拉，喝一喝新鲜果汁，就这样过上一个星期。

过完这一个星期，再选择性捡回一些之前在做的事，但并非是那些你因为习惯而做的事，而是那些对你身心有益的事。

生活将回到你的掌控之中，并变得更加轻松、和谐。每隔数月就要像这样对生活进行一次漂洗。

标准！亲爱的，标准！

为成千上万的人做过创新精神的培训之后，我对什么会铸造成功、什么会导致平庸有了一个清晰的认识。把成功和平庸区别开来的不是才华，不是角色，甚至不是抱负，而是标准，即对自己的要求。

我们都在按照自己的标准生活。这些标准决定了我们所产生的影响。在职场中，同事与同事之间在个人要求上的差异是很明显的。

这不只在于你在制作幻灯片或完成其他分内工作时有多么追求完美，更重要的是在你与人互动、经营人际关系、为企业创造能量时，你对自己的要求是什么。

能否绽放出你的光彩，关键就在于这类个人因素。

从表面上看，要求低一点似乎一切都会容易很多，会议举行得拖拖沓沓、业绩考核只进行到一半都没什么大不了的。在你的职场生涯中走得慢一点，就不用太多努力，也无需多少才华。但是如此下去，你就永远也无法脱颖而出，充其量只能平平凡凡。如果你能再投入多点精力，确保你的行动能产生结果，你所聆听到的忧虑能得到解决，你的会议能开展得干脆利落而富有趣味，那么你的影响力将会迅速上升。为此，你需要始终对自己保持高要求。

最近我在忙活一个项目，参与其中的是两家闻名全球的企业。服务商为我们提供的环境很好，很适合创造力的培养。即便如此，在小组环节中有些高层人士还是拿着黑莓手机在手里摆弄，甘愿接受外部世界的干扰。这就是一个自我要求较低且意识不到其影响的经典案例。这都是些了不起的人物，但他们在行为上却显得有些懒散。

一位优秀的领导者会懂得，他们自身细小的行为举止会对企业精神产生重大影响。这些行为举止包括：从不让人久等、用心聆听他人要说的话、坚守诺言、与任何人都开诚布公、即便已工作得疲惫不堪也不忘助人为乐。使他与众不同的正是这些对自我的要求。

是什么样的标准能让你恪守不放，能引起你高度的共鸣，能使你独一无二，能提升你于工作的影响力？你在哪些方面能让人觉得可靠？

持稳，但别失创新

标准之所以如此重要，原因之一在于人们能通过它们了解到你的可靠之处。了解了这点之后，他们可以更轻松地与你打交道，让你的聪明才智为他们所用。职场上，轻浮的人是不会受人喜欢的，因为他们能做的只是提高风险度。

作为一位领导，你需要在行为处事上保持连贯性，这样别人才能知道可以对你有怎样的期望。

你所注重的事物及你的个人品牌所能表现出的连贯性越强，你的企业就越能树立前后一致的稳定形象。优秀的商业品牌都是说一不二的，你和你的个人品牌也应如此。

连贯性的唯一缺陷在于它会让人感到无趣。所以你又不能太过刻板，而是要确保你的企业能时不时有一些令人惊喜的创新。

这也许意味着你每个月都有针对性地搞点实验活动，或者对企业生活中的腐水进行更换。

让你的员工时刻处于蓄势待发的状态。有了这样的状态，他们才能有更多的能量和热忱，才能更好地发挥才智，你也才能因此而绽放出更多的光彩。

你是自由的

你可以做任何你想做的事。任何事都行。

我知道这个观点容易遭到不屑，因为人们会觉得这根本不切实际。然而，事实就是如此。制约你的只是你的想象力。

在职业生涯的早年，我曾去过一个讲习班，他们给我提了一条特别有用的建议。他们告诉我，我应该开始储蓄，建立自己"Fuck-it 基金"。我喜欢这个想法，不仅因为它听起来有几分痞气在里面，更因为这条建议是由雇用我的公司为我花钱买来的。

后来的几年里，我就攒下了些闲钱。直到有一天，我走到了一个新的人生阶段，在这里我发现我的工作并不是我想要的，但又不知道要换一份什么样的工作。于是这些闲钱成了我探索的资本。若是没有"Fuck-it 基金"，我可能就没有机会自己出来摸索了。

但是难道真是如此吗？

这笔钱为我的大胆尝试提供了心理支持，但实际上，敢作敢为并不真的需要我有一桶现金在手。本质上来讲，这些钱为我提供的不过是一张安全网。

相比过去，如今的商业世界已经发生了天翻地覆的变化，已经不再有条条框框来限制我们怎样被雇用，怎样挣钱。在我的朋友和合作伙伴中，大部分人都自己当老板了，即使没有自己当老板，也是同时为多家单位工作。在这个时代，我们可以根据自身的个性和需求，弹性地参与企业的活动，因此也有了按照自己的想法来创造生活的机会。

要知道即便自己离开了这份工作也不是问题，我们总是还有其他的事可以做，不仅可以做还能做得好好的。拥有这样的心态，我们才能拥有健康的精神和情感。

所以，只有这份工作正是你想要的，也正能满足你的需求时，你才能心无旁骛地完全投入。否则，你还可以选择。你要意识到这一点，这很重要，因为你做一件事，必须要有恰当的理由，必须要能从中体验到一种超脱感。只有在这样的事情中，你才会敢于冒险，敢于表达你的思想，敢于追随你的信念，才能在日复一日兢兢业业的工作中感受到真正的自己。

据我所知，有些妈妈们每周工作三天，剩余的时间就和孩子们待在一起。工作时，她们总能保持精神饱满、精力充沛的状态；下班后，她们又都是出色的母亲，因为这时她们把全部的精力都放在孩子身上了。

在"唤醒你心中的猫王"这个项目中，我的一位同事一边在为此项目工作，一边在为一家名为心智健身房的企业工作，不仅如此，他还拥有自己的公司。他是我见过的人中最有干劲的了。

我的意思不是说你一定要另外寻找一份工作才能寻找到你所需要的——而是说，你如果想这样做的话，你是可以成功的。一旦你认识到了这一点，你就更可能从现在的工作中找到你所需要的。

当你能认识到自己之所以做现在的工作是出于主观意愿而非被逼无奈时，你就是在为工作注入更多的魅力，就能获得优势和自信，以致无能的领导会被你惹怒，因为他们需要你而你不再需要他们，这等于是在说他们得努力讨好你才行。

10 年前，我创办了一个讲习班，结果参与的代表中 9 个有 8 个都在一年内跳槽了。于是，他们原来的老板大多都因为流失了优秀的人才而痛恨我的这个讲习班。

但是，其中有一个老板的观点与其他人完全不一样。他认为员工有跳槽的理由就应该让他们跳槽，这是每个人职业生涯中很自然的一部分，所有的老板都应该鼓励员工发挥出自己最大的潜能，如果他自己不能为他们提供这样的平台，就应该还给他们自由。多么开明的见解！

你是自由的。好好享受你的自由！

要知道即便自己离开了这份工作也不是问题，我们总是还有其他的事可以做，不仅可以做还能做得好好的。

拥有这样的心态，我们才能拥有健康的精神和情感。

只有这份工作正是你想要的，你才有留下的理由。

只有在这样的工作中，你才会敢于冒险，敢于表达你的思想，敢于追随你的信念，才能在日复一日兢兢业业的工作中感受到真正的自己。

非人才不用

曾几何时，企业里的领导者会感觉到自己就像一个醋意满腹的新娘。"这是我的大喜日子，如果我的伴娘太漂亮了，谁还会把注意力放在我身上呢？"我敢说，即使如今，缺乏自信的领导也还会有这样的感觉。他们会想："如果我的团队太有才干，太出色，就会显得我平庸了。"

当可以大展宏图时，有些人却在斤斤计较、患得患失。这不正是一个经典的例子吗？

如果你想真正焕发出亮丽的光辉，轰动一下这个世界，那你就要与那些有才能的人同行，尽管他们可能会给你造成某种威胁。

不要担心他们抢走你的饭碗，相反，你应该希望他们这样做才是。因为如果他们不抢走你的饭碗，你就会只站在原地不动，永远也不能知道自己原来可以很优秀。你应该求他们来替代你的位置，这样你才能找到更好的。

我们不可能什么都去做，所以不可能想掌握什么技能就能成为那方面的专家。这就是为什么我们需要有才干的人在身边，填补我们的空白，帮我们一起攻克难关。我们身边要云集一些明星式的人物，否则我们自身将得不到想要的发展，也无法将新思维发挥到极致，除非你能放心地将一切都交给接班人，自己退出舞台。

你不能总是心怀妇人之仁，否则你将做不到非才干不用。这并不是说你非得有成吉思汗手持弯弓射大雕那样的魄力不可，而是指在对人的判断以及如何培养、支持、发展人才的问题上，你绝对不能放松标准。

在这个问题上，我本人就有过一次典型的失误。多年前，我和我的合作伙伴一起成立了一家新公司。创业之初，我们踌躇满志，准备大展宏图。于是开始招聘我们的第一名员工。我们招进来一位女性，我们喊她夏娃，并从一开始就过度乐观于她的能力。在夏娃和我们一起进行了第一个项目后，在回家的途中，我和我的合伙人在出租车里简短地交谈了几句。我们都觉得夏娃有那么一点怪异，但也都一致认为"她还过得去"。

大约过了一年，我们的团队壮大到了将近 20 人，夏娃仍然给人不太正常的感觉。我们从未真正对此感到担忧，因为整个团队的大部分成员都很棒。后来她做的一些事情实在偏离了我们的价值取向，整个团队的人都怕她。这时我才知道，原来团队成员们一直都觉得夏娃没能融入工作，经常需要他们另花很多时间来帮她收拾烂摊子，成员们因此积怨已久，巴不得她早一天离开。于是，夏娃走后，大家都欣然分担了她的工作，办公室里又充满了欢快的气息。

在这件事中，我们的过错在于，尽管一开始就发现了夏娃身上的问题所在，却一直对之视而不见，并因此无形中让大家觉得一个人固执不随和也没什么大不了的。

自那以后，我一直要求自己坚持严格的用人标准，再也不退而求其次，只满足于找到一个"过得去"的人，因为客户对我的要求不会仅是"过得去"。在招聘人才上，你要狠下心来，这意味着你要弄清楚：什么才是你真正需要的品质，以及如何在一个人身上发现这些品质。为了挑选人才，我常常会邀请大家一起站立着聚会，在这个过程中我可以看出应聘者们对空间的适应能力以及对集体的融入程度。通过这样的方式，用不了多长时间，我就能判断出一个人适不适合我们，而且判断结果比一次又一次的面试来得更为准确。

将模拟真实情景用于招聘中的另一个例子是，有一次我们要招两名有创新能力的协调员，来负责指挥项目，他们要通过组织协调、资源支持、激励措施等手段确保一切事务顺利开展。招聘小组从应聘人员中挑选出了 8 位面试者，邀请他们到现场来参加为时半天的"多了解你一些"的聚会。

聚会将要开始时，应聘者们都舒适地坐在沙发里等待着，这时几个招聘工作人员走了进来，每人手里都拿着纸笔。突然，其中一个绊倒了，手里的东西掉落一地。在座的应聘者们大多都只是看着，只有两个人本能地快速站起身来，走向前去帮忙捡起地上的东西。

当然，整个事件都是我们预先设计的，目的是为了寻找在别人需要帮助时无需请求就能伸出援助之手的人。这种品质已不为智力测验所分辨，而是要靠招聘者用自己的眼睛去发现。

猫王的用人法则：不以握手结束

我见过的最优秀的招聘者当属苹果公司的人力资源总监丹·沃克。

丹说过这样的话："对人才的寻找，宁缺毋滥。"他这一针见血的表述恰是真理中的真理，我在招聘夏娃这件事的上痛苦经历就是对此的最好证明。

丹拥有惊人的智谋和丰富的经验，然而他仍然认为自己的判断充其量只有 50% 的准确率。因此，我不得不说，我们大多数人在这方面的准确度会更低。员工招聘最重要的环节在于前三个月的试用期，因为只有经过这样的一段时间，你才能根据具体的工作对他们的能力作出客观的评价，才能让他们在自己的工作方式和公司的需求之间进行磨合。如今，只需通过一周时间的共事，我就能判断出一个人是否能胜任了。

对于新来的员工，你得宽容一些，不断给他们反馈，看他们如何回应。如果在这三个月里，关于自己的表现如何以及怎样才能更好地融入新工作，他们什么意见也听不到，那么你等于是浪费了作为一名领导者可以拥有的最佳机会，即吸纳有闯劲、有活力、有能力之人才的机会。

任何人都不该以忙为由不与新人相处。任何人也都不该认为一个人只有在企业里待上一两年以后，才能受到重视。新人的可贵之处恰恰在于他们的无知。

丹还认为考核评估之类的环节其实是对时间的一种浪费。我有一个团队，我对他们的考核只是让他们对前 12 个月里所进行过的各种交谈进行总结，这种考核现在已经成为我们的一种规范性惯例。这种考核需要他们平时就不断记录下他人在交谈中对自己的反馈，并在年终时把这些信息一并反馈给我。对于这些自我鉴定，我基本不用添加什么，因为主角完全是他们自己：是他们在告诉我，而不是我在告诉他们。如果通过这样的方式，他们仍然不知道自己到底表现怎样，那就是我的错，并且是我一个人的错。

你不得不相信，能够自我考核、自我发展的员工能够让他们的企业具有不可思议的力量，但条件是你要把人才及对人才的投资放在高于自己的位置上。

别告诉我记笔记是个好习惯

我不喜欢强行记忆，因为记忆要占用我太多的大脑内存，又没有什么太大的价值。我也不做笔记，因为做笔记会耽误我一边用心聆听别人口中发出的声音，一边用眼发现他肢体动作里流露出的信息，这些信息也许和他的言辞大相径庭，但很可能是他真正要表达的意思。

既不喜欢记忆又不愿意记录，我如何才能获得成功呢？这就是我所面临的挑战。

我的第一条原则是从不做笔记，因为久而久之这会成为一种习惯，干扰你的听力。你不写东西的时候，注意力才能集中于重点之处。

其次，我的大脑会过滤掉闲聊，只存储重要的内容，写在纸上的很多其实都是不重要的。我知道就合同而展开的谈判，其细节是必须记录在案的，尽管如此，就我个人而言，在98%的时间里，记录都只会起到分散我注意力的作用。

对于确实重要的事情，我也会写在记事本里，以提醒自己，不过即便是这样的举动也是徒劳的。常常当那一天真正到来时，这件事或许就已经变得不重要了。若是还很重要，我会早就把它铭记在心了。

信息无处不在，洞察力却非如此。你要试验多种方法，重点培养你的洞察力，而不是打理没完没了的信息。

在我决定放弃强迫记忆之初，我得一连好几个月不断地训练自己从大脑中释放出一些东西，并自我暗示即使手边信息不全也不要紧。我的具体做法是，一旦有需要做的事出现，我就立马去做。所以，如果谈话中我们一致同意了安排与第三方的会议，我当场就会去安排。及时行动会帮你保持头脑清醒，让你把工作安排得井井有条。

用这一方法帮助自己集中注意力做好这一天的"头等大事"，生活就会简单得让你难以置信，这件大事就能成功。

及时行动会帮你保持头脑清醒，让你把工作安排得井井有条。

时间梦幻岛

大多数人都觉得自己不会控制时间，似乎一天的时间总也不够用。很多时候，这要归咎于荒唐的上班时间表。

你安排了一场从上午9点到10点的会议，又指望10点在公司的另一个地方开始另一场会议，这其实是一个很不现实的想法。如此紧密的安排会让人感觉压抑得透不过气来，步伐总也跟不上时间。为了遵从你的安排，他们需要先学会时间旅行（时间的支出本身就已经相当紧张而困难了，更别提瞬间位移了）。

会议怎样开始，常常就能怎样结束。若是会议一开始就拖沓松散，它就不可能形成良好的互动效果。所以你安排了10点的会议就必须在10点准时开始。

为了保持会议的准时性，你需把时间表变得有弹性一点。事实上，9点开始的会议不应该持续一个小时，而应该安排为45分钟。45分钟是保持注意力集中的最佳时间长度。多一点守时性，你的工作就能快一点完成。

所以，到9点45分时，你应该结束会议，再花5分钟时间总结一下自己学到了什么，能怎样把下一场会议安排得更好。然后，你高高兴兴地走到下一个会场里，给自己留5分钟时间在路上。（如果你的公司很大，你可能需要作一下调整，多留出点时间在路上，最重要的是你要明白下一场会议的重点所在。）

这样你就能提前5分钟到达10点的会场，留有充裕的时间，或喝上一杯摩卡咖啡，或整理一下所需的文件，或自由欢快地与其他人交谈几句，然后准备开会。如果其他人也能像你这样合理妥当地安排时间，在你达到之前的 5 分钟里，会议室就能空出来供使用了。

不错，这些时间安排听起来都再基本不过了。但是，企业因为不合理的时间安排而给员工造成的压力往往超乎想象，这只能说是自讨苦吃。

你也别说"我是高层，让人等一下理所当然"这类废话了，说出来会把人吓一跳。你若是真那样说了，意思就是："我管不了那些小人物怎样，因为我的时间远远比他们的时间重要。"你还是先放下那种自命不凡的架势吧！

如果有人对你说："我只能花 10 分钟参加你的会议，过了 10 分钟我就必须走了。"你只需简单地回答他："那就不要来了。"

你没有工夫搭理这些过路客，要么就不要来，来了就要善始善终。有些个人就喜欢半途进出，因为这样他们能吸引别人的目光，体验操纵他人注意力的快感。多么可悲的方式！不管怎样，好好经营你的时间，生活就能更加绚丽多彩。人们会因此永远对你表示感谢。

拿出你的气场来！

我曾经一度与美国糖果业的好时公司合作过，该公司一名董事告诉我他每天下午都会默想。因为某种原因我对此感到有点吃惊（也许，这只是他特有的个人习惯）。

冥想在西方人的职业生活中并不常见，却已让东方人受益不知多少个世纪了。如今在准备图书策划、发表演讲或开办讲习班时，我也会花相当长的时间躺下来静静地默想。在这样的过程中，我总能在思维上有所突破，或是获得新的视角，或是走进新的视野，或是受到新的启示，有时甚至连自己都感到吃惊。

当我们放松下来时，我们开始接近自己的潜意识。这能为我们缓解压力、补充能量，但更重要的是，它能帮我们释放创造力。

温斯顿·丘吉尔也建议人们每天都进行午睡，但并不只是坐在扶手椅里打盹，而是要脱掉衣服钻到被窝里睡上一觉。他坚信午睡会大大提高一整天的工作效率。我同意他的观点。在这个工作和生活节奏飞快的 21 世纪，午后时间里躺在埃及棉床单上惬意地休息也许是有些难度。然而，除此之外，我们还可以通过很多其他简易的方式获得放松。

你可以关掉手机去散步，一边踱步一边冥想，并且至少要走上 20 分钟。

你也可以找个安静的地方坐下，挺着腰板，光脚落地，进行深呼吸，自己对自己微笑，同时注意感受自己放松的过程是容易还是困难。

我见过有些人会在午饭之后躲在办公桌下躺上 15 分钟。这个场景让大家看到也许有点不雅，不过却意味着他们在整个下午都会有更好的表现。

有些企业已经开始率先为员工开辟出专门的休闲区、午睡室，甚至配有吊床的花园了。另一些企业则在有足够空间的办公室里安放了坐卧两用的长椅，而且你经常可以看到有人悠闲地躺在上面，漫不经心地翻阅着他们的周报。

请相信通过放松自己，你可以释放出你的创造力。有了身心的放松，你会感受到职场原来可以如此不一样，从中体验到无人不嫉妒的满足感。

快别说"尚存一口气，绝不倒下睡"的蠢话了，
躲在办公桌下打个盹儿吧。

电子邮件里的兔子洞

电子邮件的出现是人类一项了不起的进步，它联结了整个世界。

然而，我们都知道，如今因为人们所持有的各种不健康的目的，电子邮件已经开始泛滥成灾。有了电子邮件这样高效多产的沟通媒介，我们一有需要便会条件反射性地去敲键盘，而不再考虑其他的选择。但是，若想在职场中真正让自己闪亮，你得选择其他更有利的方式来与人沟通。

一切依靠文本信息的沟通都存在一个共同的问题，那就是缺失了声音的抑扬顿挫、轻重缓急，以及面对面的感官交流，纯粹的文字容易遭到误解。

如果你不是在就合同进行沟通，那就通过电话或会面与对方交流。人际关系的建立靠的就是这些人性化的沟通，绽放你的光彩也是如此。

通过电子邮件，你很难给人留下特别的印象，除非你真的是文采飞扬。即便如此，也不见得人们会在良好的状态下阅读你的邮件。

书信似乎又要复兴起来了，我本人就很喜欢给人写信。在如今这个时代，人们收到一封书信时的感觉就像被赐予一个神奇的礼物一样，如果还是手写的，那么这个礼物就更有魅力了。前不久我收到了英国政府内一位局长写来的信，信中表达了对我的感谢。这封信一直被我视若珍宝地保存着，里面的话语也时时出现在我的脑海里。

如果你希望别人能够留意到你的人性关怀，并对此心存感激，那你就需要将这种关怀亲手写给他们。并且，友情提醒：务必选一支好笔！

你有漂亮的数字吗？

深究本质时，大多数企业都是由数字堆砌而成的。

不论领导者是青年才俊还是中年精英，也不论他们能多么潇洒地壮大了自己的团队，每个人其实都是在为漂亮的数字而忙活。

什么是漂亮的数字呢？漂亮的数字或者能为他们现行的策略提供支持，或者能帮他们想出又一个英明的策略。漂亮的数字意味着他们的聪颖，聪颖意味着他们应该受到奖励。

在我做卡林黑标的项目时，这样说吧，在我为卡林黑标啤酒①做市场营销时，我记得有一次，我来到卡林啤酒公司的母公司——英国巴斯集团②，当时和我

① 卡林（Carling）是美国摩森康胜啤酒酿造有限公司旗下的一个著名啤酒品牌，该公司是全球领先的啤酒酿造企业。——编者注

② 巴斯（Bass）是全球第一大啤酒公司英博集团旗下品牌。——编者注

一起在吸烟室里的有我的朋友安迪·芬内尔，他也是我当时的老板，现英国饮料业龙头企业迪阿吉奥公司的首席营销官。这时，伊恩·普罗瑟先生——英国巴斯集团当时的首席执行官——也进来吸烟。他是一个我们之前很难见到的人物，但是这一天，我们能与他共处一室，分享彼此对烟草里致癌物的嗜好，这为我们之间的轻松对话作了铺垫。

当伊恩先生问到卡林啤酒公司现在做得怎么样时，安迪向他抛出一个数据，表明公司的收益比百威啤酒高出很多，当时百威啤酒正是卡林啤酒公司尤其想要战胜的一个对手。伊恩先生很是振奋，因为这确实是个漂亮的数字，并且他当时正要去签署股东年度报告。

这一天接下来的时间就被我们用来确保这个数字无懈可击了。我们把它写进报告，又对它进行了一番润色，以使读到的人都不得不为之一动。

安迪深知数字的力量。那一刻他借助这样一个了不起的数字，成功地对企业的最高层人物产生了深刻的影响。他当时提供的不仅是一个好数字，还是一个最好的数字。好的数据他还能拿出一大把，但他选择了那些富有吸引力、可为策略性目标提供支持的数据。

能随时说出三个漂亮的数字会为你的魅力加分。

那些最漂亮的数字往往只掌握在少数人的手中，或只为少数人所意识到。有了它们，他们就有了掀起巨浪的武器，就能让人耳目一新，饶有兴致，就会从他人那里得到这样的反应："真的吗？这么有趣，再跟我讲讲。"这不也正是你想要的吗？

不久之前，我在同耐克基金会及国际发展署合作一个项目，当时有人给出了这样一组数字："未成年少女会把自己90%的零花钱用在家里人身上，而未成年的男孩只会花30%至40%在家里人身上。"这些数字就很有用，其中蕴藏着力量。企业能以它为根据，制定相应的策略，我相信这些策略能使很多人的生活发生改变。

成就自己的猫王品牌

假设你是超市货架上的一包洗衣粉，要被顾客选中，你就得有与众不同之处。你若是平淡无奇，就不会有人挑选你；相反，你有自己的特别之处，就至少能吸引到一些注意力。若这个特别之处恰好是顾客所需要的，最后你当然就会被放入购物篮中。

职场中的道理也是如此。

每一天，总会有很多人做了很多决定，这些决定影响着我们的未来，因为他们可能关乎我们手头的工作，可能关乎我们工作的中断，可能关乎我们前进的机会。对你而言与对我而言，前进的意味可能非常不一样，可能与金钱、名誉、生活方式有关，也可能是关乎激情或被委以重任的期望。但只有当那些有能力提拔你的人把你的前进置于一切之上时，你才能前进。

若想被置于一切之上，你首先要绽放出你的光彩。你工作得越像猫王，你就越能获得提升的机会，进而你又能更具有猫王的品质。猫王非常清楚自己代表了什么。他拥有能被众人识别的个人品牌和不折不扣的才干。这就是他能绽放出个人光彩的原因所在。

你想脱颖而出就必须打造出持久可靠的个人品牌，把自己包装成一个让人乐于购买的商品。为实现这一点，你需要付出很多努力，因为一个人被环境改变很容易，而自己改变自己却很难。

要想成为一个有销售价值的商品，你还需做到一心一意、坚定不移、毫不含糊。品牌总是能在不利的条件下展现出自己最佳的品质，所以你也应该如此。对于自己是谁及自己所追求的价值，你要有绝对坚定的信念，只有这样，你才能在闯过艰难险阻之后仍不改当初的方向，否则面对风浪，你只能低头以对。你的方向将变得模糊不清，你将失去你的特性。

不仅你个人要成为一个与众不同的品牌，这个品牌还要能辐射出有益于你所在企业的品性。你要能创造价值、独立思考、发现机会。你要能让潜伏在你周围的能量为你所用，要能始终精力充沛地挑战陈规。猫王就是这样做的。

我以前认识一个人，他在可口可乐公司工作。可口可乐公司有着明显的等级制度，企业文化比较保守。在这样的文化中，这个人却别具风格。他留着长发，胡子拉碴，总穿一身黑，而且他的办公室里摆满了艺术品。

他不仅外表别具一格，处事风格也很有个性。只需见上一眼，你定会对他过目不忘。

这样的人也许不对有些人的胃口，但与身边同等起点的人相比，他一定能更好地吸引别人的注意，并因此获得更多的能量。因为他有着自己要代表的价值，并能为之走出人群。

你也一定要做到。

假设你是超市货架上的一包洗衣粉，你能凭借什么被顾客选中？

做喜欢并擅长的事

这是一条我从别人那里得到过的最好建议。

如果你现在做的工作正是你所擅长的，这份工作就能使你与别人不一样，它就是你走向卓越的正确路径。

如果你喜欢自己的工作，你就能比那些不喜欢自己工作的人拥有更充沛的精力、更饱满的热情，因此你就能做得越来越好。

每一天，你都得强迫自己实践梦想。在这样的努力中，梦想就会变得简单，就会充实你的灵魂。

像成年人一样去沟通

人与人之间存在矛盾是一件很自然的事情。职场是竞争的温床，和谐只存在于照相机快门响起的一瞬间。人际关系上的问题总是存在的，因为我们都是人，而且坦白来说，这些问题正是生命乐趣之所在。

不久前，我出差了很长时间，终于在坐了一整夜的飞机后，于一个周六的早晨到家了。到家后，我和孩子们一起待了一会儿，又和妻子分享了彼此近来的所见所闻。早饭时，她说要带孩子们和几个朋友一起去公园，下午才回来。

我离开了这么久，最想做的事情就和家人待在一起，所以妻子所说的安排让我心里不太舒服，好像她夺走了我的宝贝一样。她注意到了我的不快，问我怎么了。我解释说这些天来我日日夜夜都在盼望一家人相聚的美好时光，她笑了。也许本来这会在我俩之间引发一场争吵，但经过坦诚的交谈，我们理解了彼此不同的思考问题的角度，因此相安无事。

我以为妻子说要出去是因为不愿意和我待在一起，再想到自己为了挣钱养活这几个小毛孩辛辛苦苦在外面奔波了一个星期，回来后还受到这样不公平的待遇，所以心里觉得很委屈。而我的妻子却是这样想的：带孩子们出去玩可以让我在家里好好洗个澡，整理一下行李，睡个午觉，然后在这个周末剩下的时间里当个世界上最好的爸爸。

她其实是在努力帮我实现我始终在为之奋斗的目标，但好像我们都各有打算。

类似的误会职场中每天都会出现。我们总是用自己的方式去理解别人的所作所为，从不去管他们真正的想法是什么。我们没能真正像个成年人一样开诚布公地沟通，只会像个孩子一样生闷气，结果浪费了很多宝贵的时间。

在职场中绽放出你的光彩，你需要有和谐融洽、干净利落的人际关系。

我花费了 18 个月时间研究我的创新项目之后才真正弄懂导致成功或失败的原因究竟是什么。多少人在生命将要走到尽头时，人生价值还没来得及实现。我发现出差错的项目十有八九都是因为人们未能富有技巧地进行对话。

猫王的沟通法则：扭开压力阀

事实上，对话并不需要多少技巧，是我们总把它想象得太复杂，总像躲避瘟疫一样躲避它。多进行几次这样的坦诚对话后你就会感觉很好，因为有效的沟通能释放环境中所存在的压力，让人们和睦相处。

关于如何进行这样的对话，你要如我之前所述，按照朴素反馈的步骤去做。经营人际关系和运用反馈信息一样，原则就是要分清事实，然后加上自己的理解。

前段时间，我为一个客户做了点事，他没有按期支付酬劳给我。这个客户也是我的朋友，我不想让钱成为我们之间的问题。所以我们进行了这样的交谈：

"你好，杰克，我正好有点时间，想和你谈谈三个月前我帮你做的那个工作的酬劳支付问题。"

"好啊，怎么了？"

"是这样的，三个月前我做完工作后，立马就把发票给你了，但现在还没有收到钱，这已经超过我们约定的 30 天期限了。"

"不错，是有这回事。"

"对这件事我是这样看的：你们公司的做法是能拖就拖，以增大现金流量，我猜那钱现在已经到财务人员手里了，就是不发下来。不过这让我有点沮丧，因为我把工作干得那么漂亮，受到了那么多好评，却迟迟收不到报酬，难免有种被轻视的感觉。我不知道还要不要和你继续我们约好的下一个项目。"

听完我这番话，杰克也发表了他的看法，让我听后为之一惊。他说他已经签核了这个项目，但董事会还未批准付款。所以我没收到货款和财务部门一点关系也没有，而是因为我的发票数额太大（尽管杰克勉强让我的发票通过了）。他建议我下次开两张发票，每张开 50% 的金额，这样就能立马得到审批，我也能开开心心的。因为有了这样开诚布公的对话，我们依然能维持诚实良好的关系。

分清事实与臆测，我们才能团结起来、互相支持。人们内心深处的良好意愿需要通过语言的表达才能为彼此所知。

积极沟通的态度拯救了职场里无数的人际关系，更别说多少陷入危机的婚姻了。坦白说出你的想法并勇于承认，尽管它也许不正确。唯有如此，我们才有机会展示真实的自己。让人看到你脆弱的一面，才能和同事保持良好的关系。

你生活中有没有这样的人：你想与之维持良好的关系，却总是办不到？影响你们的是什么？好好计划一下与他的谈话，来把你们的关系推向正轨。

记住，在进行这样的谈话之前，你首先要处在良好的状态中。你若生气或紧张，就会为之掺入过多的个人情绪。

你要这样想，职场上并没有所谓的坏人，有的只是你不能认可的行为。这些行为就本身而言也无所谓对错。而你要做的就是通过沟通去了解它们的意义，做到这样你就能处于主动位置。

只要有诚实的意愿和坚定的决心，你就一定能改善人际关系。

杂活点金术

并非每件工作的每一部分都能充满魅力和乐趣，我们总有做不完的杂务，也经常需要执行一些与自己的兴趣不相投的任务。

这些事情是我们无法逃避的，但我们可以为它们注入更多的能量，为他们安排合理的时间。

寻找一种更有趣、更快捷的方法，用更短的时间来做你不喜欢做的事，从中体验多一点的快乐、多一点的收获。

选出你最不喜欢做的事，和喜欢做这件事的同事交换，你去做他们不喜欢做而你又不讨厌做的事。

找老板谈话。告诉他你在哪些方面真的无能为力，问他能不能准许你多花些时间在你擅长的领域内。

通过对角色的重新设定，你将能快速让你的"痛苦快乐动态平衡方程"向快乐的方向移动。

如果不能，那就去找点其他事来做。

嘘……你听！（沉默真的就是金）

我被你弄得快要疯掉了，快闭上嘴巴，听别人说！

如今的人们都似乎从音乐、电视、网络中接受了太多的刺激，以至一关上电源他们自己就像个自动播放的点唱机一样没完没了地说个不停。

嘘！！！静下来，聆听一下别人，聆听一下自己。照看一下你的内心。

叽叽喳喳讲个不停的人基本都处于无意识的状态。

大多具有领袖风范的人物都乐于静静地安坐。

爱上沉默吧。

走出工作

为了建立美好的人际关系，我们要具有更多自己的特征，要能脱去在职场中的身份。不论你流露出的自己多么真实，人们如果只在工作中看见你，就只能看到你的职场形象。为了不这样，你不妨和同事或客户一起做点平常人做的事。

企业本来就应该鼓励员工丰富自己的生活。所以你何不这样做，何不让自己受益于人与人之间的联系呢？

多年来，我一直与工作伙伴一起进行各种各样的活动，包括机翼行走（美国青年人热衷的一种体育项目）、绳降（一种快速下降运动）、品酒、和海豚一起游泳、做一餐八道菜的烹饪、进行帆船运动、去剧院、跳舞、讲故事、体验灵气疗法（一种中医疗法）、装饰学校、用工业废弃物制作音乐（别问）。

所有这些活动，其初衷都只是为了体验人与人之间的联结。不过，有些给了我工作的灵感，但最重要的还是我们从中更好地了解了彼此。

显然这需要时间的投入，这些事情不会自己从天上掉下来。共同参与或经历一些事情会让我们更紧密联结，更坦诚相待，更互相支持，让你的组织更有效运转。

为彼此烹饪，在一起手撕面包就更具有特殊的意义了。它用时最少，又最为经济实惠。买个厨师帽来，在厨房里交几个朋友！

思想位移

我们总有陷入瓶颈的时候。你可能黔驴技穷，可能束手无策，可能江郎才尽。这些其实都是生活本身的一部分。那么你如何能重振旗鼓呢？

很简单：改变。

记住一点，你的状态无论如何都只是一时的，它会随着外在和内在的变化波动起伏。你的思想、着装、言辞——所有一切都在影响着你的状态。

而状态又影响着你的表现，甚至比能力对表现的影响力还要大。或许你觉得我言过其实，好，那你看看在体育比赛中，有多少优秀的运动健将因为状态不好而表现失误，又有多少平时水平一般的运动员因为处在良好的状态中而超常发挥？

学会调整自己的状态，你的每一天就能更加富有成效，你的生命之流就能更加畅通无阻。

通常而言，陷入瓶颈，也就是被卡住，其实不是现实而是你的一种思想状态。我之所以选用"被卡

住"这个说法，是因为它比较生动形象。从字面上
说，被卡住是指身体上的不能动弹。所幸的是，事实
往往不是这样。身体被卡住的时候，你动一下、变个
位置，就能重新舒展四肢。同样的道理，思想被卡住
时，你也能通过"位移"而走进新的状态。

我最喜欢借助散步、奔跑、音乐、按摩、新鲜的
空气、冰凉的甘泉，或是园艺劳动来让身体摆脱僵化
的状态。

精神受困时，你不妨幻想一下亲爱的人就在眼
前，憧憬一番生活的美好，或者对周末要做的事满怀
期望。

喂饱你的机器

我是一个快乐主义者，我总认为我的身体就像一
个派对中心，所有美好的感觉都如宾而至，来这里享
用醇酒美食。我通过它扎根于人间大地，与我心爱的
那些人彼此相连。它源源不断地供给我力量。

当我健康、活泼、强壮时，我觉得自己潜能无
限，没有什么事情做不到。因此我的精神也随之健康
快乐，我的情绪亦跟着饱满高昂。

当我无视身体的抗议，熬夜工作又不好好吃饭
时，所有这些美好的状态就顿时一去不复返了。

说不怪也怪，纵使时代已经变得花里胡哨，我们的营养和健康机制还一如当初。但对于身体的需要我们却麻木不仁，因此我们变得肥胖、紧张。我们的身体需要的不是双倍卡布奇诺咖啡的提神作用，而是夜间良好的睡眠。

幸福和开心其实是两码事。太多时候，我们用一阵阵的开心来填补幸福的空白。注意观察漫长一日的工作下来你消耗了什么，看自己有没有善待身体，是否你只是给了它一点微不足道的开心就让它为你做牛做马一整天。若是这样的话，这样下去，这些微不足道的开心总有一天会毁掉你这台天赋的宝贵机器。你需要把它照顾得好好的！

需要杀死恐惧吗？

恐惧总有着不好的口碑。自助行业里耳熟能详的一句打油诗似的话就是"恐惧使得我们退缩不前，恐惧阻碍我们迈向卓越"。

话虽如此，但也正是恐惧在保护着我们。些许的恐惧并不是坏事，不过太多了就会带来害处。譬如说，人类对狮子、对高度、对枪弹的恐惧就是有用的，它们能保护我们的生命不受伤害。

如今人们不会经常面临这类危险了，但求生的本能却强烈依然，甚至过度得让人生气，有时候明明只是一些出自好奇心的冒险也让他们吓得不行。我们用自己的思想创造了恐惧，又把它转嫁到躯体这一重要的生命机器之上。美国人最怕的事就是发表演讲，其次才是死亡，虽然我敢肯定死亡带来的影响比演讲中忘词儿或结巴严重得多。

恐惧大多只是一种感知。我们害怕什么，什么就变得可怕。奇怪的是，在这点上恐惧竟然和兴奋很相似，只是我们用了不同的说法。这用词是不是得改一改了？

正在阻挡你的是对什么的恐惧？换一个角度你能克服什么？你可以自由选择那些有益的或是有害的恐惧。

我的恐惧之一是浪费生命。你可以说这是一种消极负面的焦虑，也可以说这是鞭策我积极向前的最佳动力。至于我自己，我认可后者。

恐惧大多只是一种感知。我们害怕什么，什么就变得可怕。

SHINE
HOW TO SURVIVE
AND THRIVE
AT WORK

办公室里的猫王

891

无论何时，请选择积极友善地待人，而非消极避世、令人生厌。因为一切正面的东西都比负面的更有力量。

有一次，我和朋友马特·怀特一起去波士顿为培生集团①办事，并在那里待了几天。马特有一项特殊的本事：他总能使人感觉良好。连续两天里，我们都在轮流观察我们能对谁的生活产生正面影响，包括出租车司机、前台人员、旅馆侍者、酒吧服务生等任何人。结果发现，感染作用是很明显的。

其实我们真正做的只不过是以积极正面的状态与他们相处，愿意提供帮助，愿意开玩笑，愿意展现出自己的魅力，同时对他们表示关注。这不是装模作样所能做到的，我们也确实是发自内心，因为你没法勉强自己。当我们离开小镇时，我们受到了他们热情的送别，这让我们感觉很好，似乎我们已经和这些人建立了很好的关系。因此，我们的这趟旅行充满了意义，成了在此之前我从未体验过的心灵之旅。

有时候，我会发自内心地向这个世界撒播我的爱，而另一些时候我却不会。我不这么做的时

---

① 培生（Pearson）集团即我们经常提及的皮尔森集团，此处采用其集团华语地区业务推广材料的译法。——编者注

候是因为我在想自己的事，陷入了某种担忧之中。当我能和人们一起分享生活的阳光时，我感觉很好。事实上，在我情绪消极、担忧自己时，我就把注意力转移到别人身上，去真正地关心他们，于是，我的心情就能好起来。

职场中，能量的流通就像机器运转一样。散播出你的欢笑，你就能在自己身边感受到更多的阳光、更多的温情。

向自己问好

我发现我不管问谁："你好吗？"他都会这样回答："我很好，谢谢！"其实他的回答和他好不好一点关系也没。也许在他奄奄一息时，你再问这个问题，他的回答也还是一样。

原因有两个。第一是，他觉得不应该让自己的回答流露出一丝否定色彩；第二是，大多数人并不知道自己到底过得怎样。

如果我们连自己好不好都不知道，又如何能追求更好呢？如何能调整自己使自己在工作中发挥出最高水平呢？为了提高人们对自身状态的意识，我将"你好吗"分解为四种能量。

第一种是身体能量。一般来说，我们对身体状况的意识比对其他方面要明显一些。当我们感到筋疲力尽时，我们就会去喝咖啡、吃甜甜圈，或者干脆一醉方休。当我们身体状态良好时，我们觉得自己充满了力量。

第二种是精神能量。这常常是我们的问题所在。我们感知自己和感知世界的方式决定了我们是谁；如果我们的感知被扭曲，我们就无法成为最好的自己，我们的精神状态就会发生紊乱，以致我们只能平平庸庸。然而，我们也可以拥有准确聚焦的、清晰明朗的感知，它可以让我们的人生充满无数种可能，我们能因此而不同寻常。

第三种是情感能量。我们的身体感受到情感，再由大脑作出解释。我们需要处在良好的空间里才能取得新的成就，因此我们需要感到快乐、兴奋、乐观，而不是沮丧、焦虑。

第四种是心灵能量。职场中太少出现心灵这个词，但心灵能量却是释放我们潜能的最有力杠杆。它是你与你自己、你的价值、你一起工作的人之间的一种联结感。

当心灵能量达到最高时，我们能强烈地感知到。当你不断地在一件你所坚信的事情上付出努力，那么在成功的那一刹那，你会感觉到似乎一切都凝固了，空气里只剩下安宁，仿佛时间也永远停止在这一秒

办公室里的猫王

SHINE
HOW TO SURVIVE AND THRIVE AT WORK

了。这时的你才发现歌声原来如此悦耳，花儿原来如此芳香，食物原来如此美味，这个世界还有什么是不可能的呢？

当我驾着帆船乘风破浪，与狂风暴雨融为一体时，我能体验到心灵的能量；当我气喘吁吁地爬到山顶，筋疲力尽却满心欣慰地坐在山巅时，我也能感受到心灵的能量。

这些极限时刻就像高伏电压一样蓄积着大量的能量。在日复一日的工作里，我们亦能从自己在意的事情中享受心灵的能量，尽管其水平不如极限时刻那样高。

我们要提高自己对这四种能量的意识。首先，深呼吸，为你的大脑供应更多的氧气，这样你的感知能力就会提高。然后快速进行一番能量审查，并注意身体的感觉、思想的状态、情绪的变化，以及自己与自己、自己与他人的联系强度。

这需要一些练习。一种好的方法是，在手机上设置闹钟，让它每隔 20 分钟提醒你这样做一次。闹钟在口袋里响起时，你就开始深呼吸，一边挺直着坐下，一边观察这些能量的变化。你练习得越多，就越能在一整天里都具有较强的能量意识。这个联系的关键在于你要注意到自己何时难以进入最佳状态，这就是你需要调整自己的时候。

你需要一直有意地改变你的状态。想想当你被卡住时、疲惫时、厌倦时，你会做什么。你可能会出去走走、找人聊聊天，或索性去吃午饭（尽管离饭点还有好几个小时呢）。每个人都有一套自我调整的小窍门。

能最快赶走消极情绪的方法就是深呼吸、打坐、微笑。

其次是去别处走走。空间的变换能使你有机会接受新的信息，从之前的状态中走出来。如果是走到户外，还会有双倍的效果。

下次当感觉不是很好、打不起精神时，你就深吸一口气，然后默默地检视自己。若是你的四种能量之间失去了平衡，那就赶紧调整自己。

紧张有益，放松有道

经常有人问我该怎样克服紧张，特别是在开会、口述或发表演讲时。

其实，紧张是你的朋友。我以演讲为生，却也还经常会在演讲将要开始时感到紧张，不过紧张能让我更好地发挥出我的水平。

记得有一次，我开了一个月的会，似乎每天都在发表讲话，以至到最后我对一切都非常熟悉从而一点儿也不紧张了。但就在这时，我觉得自己的表现变得很一般了，失去了原有的亮点。尽管我的讲话依然无可指责，但显然只是一副职业腔调。演讲一旦变得太过寻常，便会让我失去了光芒。自从那次以后，我开始对紧张这位朋友表示欢迎，因为伴它而来的是能量，这正是我绽放光彩所需要的。我们都需要一点紧张，但不能被它死死地控制住，以至四肢颤抖，头脑一片空白。那么要怎样做呢？呼吸，我是指真正的呼吸。因为我们多数人都只会用肺的上半部进行浅浅的呼吸，而真正为血液供给氧气需要你像婴儿一样鼓起肚皮用腹部来进行彻底的呼吸。

站起来，双手轻放在肚皮上，感受它伴随呼吸的起伏。不进行这样的呼吸，你的大脑就会处于饥饿的状态，你的行为就会出错，你就像汽油用尽时的引擎一样。

在走向听众前，先按照上述方法进行深呼吸，讲话的时候，也还要继续这样的呼吸，这样做能帮助你调整语速，同时让大脑处于活跃的状态，从而确保你措辞准确。

然后，对演讲的前两分钟进行预演，知道自己要讲什么、怎样讲，这样你就可以放松一点了。再想象一下自己站在讲台上，自信满满地畅所欲言，看着台下正在看你的观众。这样你很快就能进入状态了，进入状态后所有紧张的感觉都会烟消云散。多排练几次，让自己感觉自然一点。

演讲时要顺其自然。别带稿子，也不要准备内容满满的幻灯片，这些东西会像手铐一样限制你的发挥。而且你要展示的是你自己，不是数据资料，所以不到真正有用之时尽量不要依赖幻灯片。对我而言，幻灯片的使用不过是为了视觉的需要，每页不会超过4个单词，我的大部分幻灯片都是用来展现图片的。

要重点突出。如果什么都是重点的话，就会让听众混淆不清，什么也记不住。简洁有力的讲话一定会收到好的效果。

为你的演讲添加几分幽默，与听众建立一些互动，也许就能让他们对你的演讲难以忘怀。如果你能让听众参与进来，和他们进行对话，你便可以轻松地从"演讲者"的角色中走出来，做回你自己了。

你需要尽早地将自己平常人的一面展现出来。多年前，在我接受一位演讲大师的培训时，关于如何开始一场会议，他建议了三种方法：吃、喝、笑。因为这三件事是每个人都会做的，所以你在做它们的时候无形中就拉近了他人与你的距离。

这条原则很不错。我会犯点错误，会嘲笑自己，甚至还给别人看过自己穿着内裤的照片（我的"照片门事件"如今已经尽人皆知了）。这些行为无非都是为了让大家放松下来，鼓励他们视我为普通人与我互动，而不是将我看做高不可攀的万事通，把我放在对立的位置上。

其实，大家都会希望你表现好一点。没有人希望你搞砸，以尴尬收场。他们其实是希望你在绽放自己光彩的时候也带给大家一些乐趣，因为这样他们自己才能觉得更开心。

总体来说，听众都是热情的，当你更强大、更风趣、更有说服力时，他们总是会展现出支持。正因如此，他们才会在场。

通过深呼吸和保持简洁来克服头脑里的负面声音吧，做到了这点，你就能很好地进入状态，并从中获得快乐。你只要记得：这是你的派对——你要玩得开心！

> 首先深呼吸，让你的大脑获得更多的氧气，这样你的感觉就会更为灵敏。

天才之路在梦里

睡眠过程中，我们的大脑里会发生一些奇幻而美妙的事情。尽管我们当时正在神游仙境，意识不到它在运转。

你若是在闹钟响起之前就醒过来了，你就体验到了大脑能何其精确，即使这时你脸还埋在枕头里。

不论何时，你的大脑一直都在不断地加工、理解和整理这一天中接收到的信息。每天晚上你入梦后，大脑的工作还在继续着，这意味着只要你足够聪明，即便在梦中也是能想出金点子来的。

很多受到启发的发明家和摇滚音乐人都会借助睡眠来寻找灵感。爱迪生、达利（西班牙画家）、埃德加·艾伦·坡（美国短篇小说家），甚至亚里士多德都将睡眠中受到的启示视为灵感之源。

为了保持良好的状态，我们每天都需要睡眠。所以如果我们能从睡眠这一毫不费力的日常活动中发现新视角，那我们便真的是在实践梦想。懒人真是天才！

那怎样才能在梦里获得灵感呢？技巧在于弄懂从哪一扇门进入睡眠。正常状态下，我们忙来忙去，只能接触到大脑有意识的那一层。但要感受睡眠的魔力，我们需要深入到大脑的潜意识里，方法就是放松自己。

如果你曾丢失了一样东西，醒来以后却立马知道这样东西丢在哪里了，那是因为你打开了大脑潜意识的大门。这时即使你鼾声不断，你的大脑也具有非凡的存储和加工信息的能力。

你要放松身体，把脸埋进枕头里，让自己感觉到身体要融化在被子里了。然后浅思一下那些可能激发灵感的话题。这时你其实是在为潜意识预设程序，让它在睡眠中为你工作。

当你醒来，有了第一丝清醒的神智时，立即记录下你大脑中的思想活动。

毫无头绪也没关系，你只要记录下来就好。同样，半夜醒来时你也要这样做。这样持续一个星期以后，你会发现你所写下的这些记录慢慢变得富有意义，能帮助你辨别出现在你身边的各种机会。这确实需要一些训练，因为你首先要说服你的潜意识，告诉它由它生出的果实很有价值，你可以用它们来制作好吃的派。

所以最重要的还是你的练习。练习之后，每睡一觉，你都有可能会捧着金子醒来……同时留下几根细发在床间。

信念所在

人们若是不相信自己优秀，就不会优秀。

你若是不相信自己理应绽放光彩，那你就无法绽放出你的光彩。

以下是世界著名精神导师玛丽安娜·威廉森在她

《爱的回归》一书中就绽放光彩所说的一段话：

我们最深的恐惧，不是我们不够好。我们最深的恐惧，是我们不可丈量的能力。我们最害怕的不是黑暗，而是我们的光明。

我们问自己：我凭什么卓尔不群，凭什么创造传奇？事实上，你凭什么不呢？你可是上帝的孩子。你不出人头地，谁来服务这个世界？你退缩不前，是为了给身边的人安全感吗？这其实没有任何启示意义。

我们生来就是要绽放自己的光彩的，就像孩子们那样明亮而夺目。我们生来就是要释放潜藏在我们身上的上帝之光的。上帝的光辉不只是在我们几个人身上，而是存在于每一个人身上。我们绽放自己的光辉时，无意中也是在支持其他人也这样做。当我们从恐惧中将自己解放出来时，我们的存在自然也解放了他人。

然而，问题是：这些信念来自何处？答案是，它们来自你，来自你对所经历过的一切事物的理解。读了玛丽安的这段话，你也许会猛然一惊，准备重新审视你的信念——关于我们存在的价值，我们退缩的原因，以及我们怎样活出自己最美好的人生。

每一天，我们都在不知觉地为我们的信念寻找支持。如果你相信你应该发光——因为你的光芒能使生活充满乐趣，使企业得到进步，并最终让世界变得更美好——那么你就能发光。如果你相信我们每个人身上都有绽放出绚丽光彩的潜能，那么你就能拥有势不可挡的力量。

但是，你相信什么？请思考一下这个问题。

你相信你有义务释放出你的能量吗？

或者，你害怕面对这样做将会产生的后果吗？你是否会因为害怕，就让它在自己身上浪费殆尽？

这是一个大问题，也是唯一的问题。

你可以选择不读这本书，但你还是读了。因为你一直在试着变换自己的观念，并想从中找到那个正确的、最适合你的观念。这样做的同时，其实你引发了一场对自己的变革。

现在你可以选择是继续这场变革，或是来一场久久的淋浴，暗自希望自己可以不再这样草率鲁莽，并假装什么也没发生过（就像每次结束一段尴尬的一夜情之后你会做的那样）。

你相信什么？

SHINE

HOW TO SURVIVE

AND THRIVE

AT WORK

谢幕

闪闪的致谢

我相信每个人都能绽放出他的光彩，每个人都能像猫王一样出类拔萃。一次又一次，我亲眼目睹了人们绽放出光彩的场景。

很多人都曾给予过我富有重要意义的教诲，帮我建立过对人类的杰出与美好的信念。我叫不出他们每一个人的名字，不过在这里我想表达对其中一些人的不尽感激，是他们帮我实践了我的信念，同时让我得以享受生命的每一分钟。

此书的问世更是离不开他们，但我的感激不限于此。这些人是：我的兄弟马克·布朗，感谢你的睿智和对我无限的支持；还有安迪·芬内尔、乔·福斯特、詹姆斯·赫林、席琳·帕特尔、戈迪·佩特森、乔恩·普拉特、安迪·里德、保罗·威尔逊，感谢你们的聪明才智、领袖气质和你们永不枯竭的充沛精力。我永远欠你们美酒（前提是我能买得起那些酒）。

此外我还要向里克·达扎维克、玛丽亚·艾特尔、史蒂夫·福琼、妮古拉·福斯特、格蕾琴·黑斯提丝、凯文·杰克逊、奈杰尔·马丁、苏茜·里克森、萨拉·塞弗恩、戴维·厄克特、约翰·凡·扶累克、卡罗琳·惠利，还有了不起的基思·威尔莫特表示感谢。是你们始终相信并创造了这样一个能让我全力施展才华的世界。

我要永远感谢的人还有：苏丝·斯蒂芬森、库普斯、蒂姆·惠利、克里斯·默林、鲁伯特·米林顿、马克·佛里斯通、泰尼·汤普森、戴夫·艾伦、杰德·格兰维尔、肖恩·杰斐逊、马特·金登、戴维·麦克里迪、本·霍尔、波莉·斯蒂尔、吉姆·勒斯蒂、弗朗索瓦·雷诺兹、斯蒂奇、史蒂夫·费拉里奥、马迪奥·费拉里奥、莫里斯·达菲、坏男孩克里斯、托比一家、斯丘达莫尔一家、贝斯特一家、我的祖父比尔·伍尔默（地球上最淡定的人），以及我的员工们（感谢他们总能保持坚定的信念，与我一起携手向前），尤其是奥玛和奥巴，感谢他们如此充分地发扬了猫王精神。这些人既是我的朋友，也是我的同伴，更是我的力量所在。

　　我的主编乔尔·里基特和审编特雷弗·霍伍德也是我要感谢的人。感谢乔尔·里基特总会为我的功课画上笑脸；感谢特雷弗·霍伍德帮我提高了写作水平，并因此保住了我的名誉，使我的母亲欣慰地感受到给予我的教育是有价值的。朱利安·亚历山大，我的经纪人，你这个不知疲倦的冠军，谢谢你总是为我诠释这个世界。

　　还有我的孩子们，哈维和楼里，谢谢你们总能提醒爸爸"生活是一场冒险，到处都充满了奇迹"。你们的话真的很宝贵。

　　最后，我感激所有不墨守成规、有疯狂的激情、能将生活看做一场比赛的人，还有那些能诚实面对自己、不躲避不退缩的人。是你们为生活填充了鲜艳的色彩，是你们心中的猫王把职场变成了充满欢乐的聚会。

我们问自己：我凭什么卓尔不群，凭什么创造传奇？事实上，你凭什么不呢？你可是上帝的孩子。你不出人头地，谁来服务这个世界？你退缩不前，是为了给身边的人安全感吗？这其实没有任何启示意义。

我们生来就是要绽放自己的光彩的，就像孩子们那样明亮而夺目。我们生来就是要释放潜藏在我们身上的上帝之光的。上帝的光辉不只是在我们几个人身上，而是存在于每一个人身上。我们绽放自己的光辉时，无意中也是在支持其他人也这样做。当我们从恐惧中把自己解放出来时，我们的存在自然也解放了他人。

——玛丽安·威廉森

你的职场生活可以不同凡响。

它能拓宽你的视野，回报你的付出，成就你的人生。

它能让你充满激情，激励你不断前进，帮助你成为理想中的自己。

但前提是你对这场比赛保持兴致。

能创造你的未来的只有你自己，而最关键的问题在于：你想要一个什么样的未来？

如果你想保持现在的一切，你可以预见自己直线的人生。你能绽放出的光彩不多不少就是这样，你的成就也将不大不小正如当前。你身上将不再有变化发生，变化的只会是你周围的一切。

这是什么滋味？能伟大却甘于渺小，有潜能却不去释放，不敢赌一把而只能安于现状是什么滋味？

如果你感觉这滋味不错，很好！去给自己再买一包立体脆，回来打开电视机，继续享受你的生活！

但是，如果你深谙自己存在于这个世界的理由，而且是一个强大有力的理由，那么你得冲破一切阻碍，把生活当做大饼狠狠咬下一口。

你具备赢得卓越生活所需要的一切条件，也具备在职场中成为模范的一切品质。

你只需开大音量，摘下职业面罩，穿上舞鞋，派对就会为你开始。

每个人的体内都有一个猫王。

绽放出你的光彩吧！

图书在版编目（CIP）数据

办公室里的猫王：颠覆职场教条的闪耀法则 /（英）
巴瑞兹布朗著；李贵莲译. — 杭州：浙江大学出版社，
2012. 9

书名原文：Shine: How To Survive And Thrive At
Work

  ISBN 978-7-308-10304-6

Ⅰ. ①办… Ⅱ. ①巴… ②李… Ⅲ. ①成功心理-通
俗读物 Ⅳ. ①B848. 4-49

中国版本图书馆 CIP 数据核字（2012）第 178202 号

SHINE: HOW TO SURVIVE AND THRIVE AT WORK by Chris Baréz-Brown
First published in Great Britain in the English language by Penguin Books Ltd.
Copyright © Chris Baréz-Brown, 2011
This edition published by arrangement with Penguin Group (China)
Simplified Chinese edtion copyright © Hangzhou Blue Lion Cultural & Creative
Co., Ltd., 2012
Copies of this translated edition sold without a Penguin sticker on the cover are
unauthorized and illegal
ALL RIGHTS RESERVED
本书仅限于中国大陆地区发行销售
浙江省版权局著作权合同登记图字：11-2012-157

办公室里的猫王：颠覆职场教条的闪耀法则

克里斯·巴瑞兹布朗 著 李贵莲 译

责任编辑	黄兆宁	
封面设计	水玉银文化	
出版发行	浙江大学出版社	
	（杭州市天目山路 148 号 邮政编码 310007）	
	（网址：http://www.zjupress.com）	
排　　版	浙江时代出版服务有限公司	
印　　刷	浙江印刷集团有限公司	
开　　本	880mm×1230mm 1/32	
印　　张	6.125	
字　　数	104 千	
版 印 次	2012年9月第1版 2012年9月第1次印刷	
书　　号	ISBN 978-7-308-10304-6	
定　　价	29.00元	

版权所有　翻印必究　印装差错　负责调换

浙江大学出版社发行部邮购电话 （0571）88925591